Harsh Purohit
Sachin Barad

GA3, KNO3 e ácido silícico como ferramentas de tolerância ao stress no amendoim

Harsh Purohit
Sachin Barad

GA3, KNO3 e ácido silícico como ferramentas de tolerância ao stress no amendoim

ScienciaScripts

Publisher:
Sciencia Scripts
is a trademark of
Dodo Books Indian Ocean Ltd. and OmniScriptum S.R.L publishing group

120 High Road, East Finchley, London, N2 9ED, United Kingdom
Str. Armeneasca 28/1, office 1, Chisinau MD-2012, Republic of Moldova, Europe
Printed at: see last page
ISBN: 978-620-7-62526-0

Conteúdo

RESUMO

Foi realizada uma experiência em estufa para investigar o efeito da aplicação exógena de ácido giberélico, nitrato de potássio e ácido silícico sob stress salino nos parâmetros fisiológicos, bioquímicos e actividades enzimáticas do amendoim. O desenho experimental foi um desenho fatorial completamente aleatório com oito combinações de tratamentos diferentes (T1 a T8), dois níveis de irrigação para induzir o stress salino, ou seja, água da torneira (s1) e 4 EC (s2). As plantas foram pulverizadas com GA3, KNO3 e ácido silícico após 20 e 40 DAS (dias após a sementeira) e as amostras foram retiradas após 30 e 50 DAS para análise. As observações foram registadas para os parâmetros *viz.*, teor relativo de água, pH da folha, índice de estabilidade da membrana, fenol total, proteína verdadeira, aminoácido livre, açúcar solúvel total, açúcar redutor, teor de clorofila, carotenóides, prolina, glicina betaína, bem como diferentes enzimas *viz.*, polifenol oxidase, peroxidase e catalase.

A presente investigação foi realizada com o objetivo de descobrir o efeito da aplicação exógena de ácido giberélico, nitrato de potássio e ácido silícico como reguladores de crescimento em actividades fisiológicas, bioquímicas e enzimáticas. Os resultados revelaram que a pulverização foliar do tratamento T8 [GA3 @ 100 ppm + KNO3 @ 500 ppm + ácido silícico @ 50 ppm] foi mais eficaz em todos os parâmetros.

No presente estudo, observou-se que o aumento da concentração de sal nos tratamentos resultou num aumento do teor de osmólitos ou solutos, *nomeadamente*, açúcar solúvel total, açúcar redutor, glicina betaína, fenóis totais e prolina no amendoim sob stress salino.

Resumo

Com dias progressivos de germinação, o conteúdo de osmólitos ou solutos na plântula diminui em todos os tratamentos de stress salino. Uma diferença na sensibilidade à salinidade no amendoim também se reflectiu nos parâmetros fisiológicos, bem como na atividade enzimática. O stress salino diminuiu os parâmetros fisiológicos como o teor relativo de água e o índice de estabilidade da membrana, mas o pH da folha aumentou sob stress salino.

A amostra de folhas tratada com ácido giberélico, nitrato de potássio e ácido silícico em diferentes concentrações aumentou os parâmetros fisiológicos como o teor relativo de água, o índice de estabilidade da membrana, exceto o pH da folha. O GA3, o KNO3 e o ácido silícico regulam possivelmente vários processos metabólicos das plantas e modulam a produção de vários osmólitos como o fenol total, o aminoácido livre, o açúcar solúvel total, o açúcar redutor, o teor de clorofila (a, b e total), a prolina e a glicina betaína, a atividade enzimática como a peroxidase aumentou sob stress salino, mas a aplicação de GA3, KNO3 e ácido silícico diminuiu a atividade da catalase e da polifenol oxidase.

Esta investigação provou que o GA3, o KNO3 e o ácido silícico são biomoléculas potenciais na redução do efeito adverso do stress salino nas plantas. O GA3, o KNO3 e o ácido silícico demonstraram ser benéficos para o crescimento e desenvolvimento das plantas.

Palavras-chave: enzimas antioxidativas, *Arachis hypogaea* L., osmólito, ácido giberélico, nitrato de potássio, ácido silícico, stress de salinidade, prolina e glicina betaína

CAPÍTULO - I

INTRODUÇÃO

1.1 DESCRIÇÃO DO PROBLEMA

O amendoim (*Arachis hypogaea* L.) é uma cultura oleaginosa herbácea prostrada anual. O amendoim é originário da América do Sul (Hammons, 1982). A seguir aos cereais, as sementes oleaginosas são o segundo maior produto agrícola, representando 14% da área cultivada bruta do país e cerca de 5% dos produtos nacionais brutos e 10% do valor de todos os produtos agrícolas. Os principais países produtores de amendoim são a Índia, a China, a Nigéria, os EUA, Taiwan, a Indonésia, o Senegal, o Gana, a Argentina e o Brasil. É a oleaginosa comercial mais importante, cultivada maioritariamente na região tropical semi-árida como a Índia. A cultura pode ser cultivada com sucesso nas áreas que recebem precipitação de 600 a 1250 mm. O melhor solo para a cultura do amendoim é o franco-arenoso, o argiloso e o preto médio.

O amendoim é uma fonte rica de óleo comestível (47-50 %) e de proteínas de alta qualidade (30 %), pelo que é apreciado tanto para fins de óleo comestível como de confeitaria. Os grãos de amendoim são consumidos crus, cozidos, torrados ou fritos e também utilizados em diversas preparações culinárias, como manteiga de amendoim, leite de amendoim, chocolates, etc. (Desai *et al.*, 1999). O óleo de amendoim é comestível e, por conseguinte, é amplamente utilizado como meio de cozedura, tanto como óleo refinado como vanaspati ghee. O amendoim é uma boa fonte de minerais como o fósforo (P), o cálcio (Ca), o magnésio (Mg) e o potássio (K), bem como de vitaminas A, B e B_2. O amendoim ocupa uma posição distinta entre as sementes oleaginosas, uma vez que pode ser consumido e utilizado de diversas formas. A composição química do amendoim compara-se favoravelmente com a dos frutos secos. Alguns dos nutrientes, como as proteínas e a tiamina, estão disponíveis em maiores quantidades no amendoim do que em qualquer outro fruto seco. O óleo de amendoim é considerado estável e nutritivo, pois contém a proporção correcta de ácidos oleico (40-50 %) e linoleico (25-35 %) (Mathur e Khan, 1997).

Na Índia, cerca de 52,50 lakh hectare da área total de amendoim e 94,72 lakh tonelada de produção e 1804 kgha^{-1} rendimento estão confinados aos Estados do sul da Índia *viz.*, Gujarat, Andhra Pradesh, Karnataka, Tamil Nadu, Maharashtra e Orissa. Entre os principais estados produtores de amendoim, Gujarat ocupa uma área de cerca de 18,42 lakh hectare com produção de 49,18 lakh tonelada e produtividade de 2670 kgha^{-1} durante 2017. (Anon., 2017). A região de Saurashtra contribui com 80,70 e 79,50 por cento da área e da produção de amendoim, respetivamente. Na Índia, a cultura do amendoim é cultivada em regime de sequeiro a granel durante a estação *kharif*, mas também é cultivada durante a estação do verão, sempre que existam instalações de irrigação disponíveis. A cultura é efectuada em monocultura na região de Saurashtra, em Gujarat. Os distritos de Junagadh, Rajkot, Amreli, Jamnagar, Bhavnagar e Kutch do Estado de Gujarat contribuem com cerca de 88% da produção total de amendoim do Estado de Gujarat (Anon., 1990).

Em Saurashtra, o distrito de Junagadh ocupa o primeiro lugar com uma área de 4125 hectares e 7350 toneladas de produção (Anon., 2017). Assim, a região de Saurashtra é considerada como a bacia do amendoim do país.

O aumento da tolerância das culturas ao sal é uma abordagem muito atractiva para ultrapassar a ameaça da salinidade. A necessidade do momento é explorar e selecionar genótipos tolerantes ao sal dentro de uma espécie em comparação com os relativamente sensíveis ao sal através de técnicas convencionais de seleção e melhoramento. A salinidade do solo afecta negativamente o crescimento e o desenvolvimento das plantas. A nível mundial, cerca de um terço das terras aráveis irrigadas já está afetado e esse nível continua a aumentar (Lazof e Bernstein, 1999).

Um excesso de sais solúveis no solo conduz ao stress osmótico, que resulta em toxicidade iónica específica e desequilíbrios iónicos (Munns, 2003), cujas consequências podem ser o desaparecimento das plantas (Rout e Shaw, 2001). São propostas algumas estratégias para atenuar o stress salino, tais como o desenvolvimento de cultivares resistentes ao sal, a lixiviação do excesso de sais solúveis das camadas superiores para as inferiores do solo e a redução do sal através da colheita das partes aéreas das plantas que acumulam sal, o que é muito difícil e dispendioso. Um novo esquema para melhorar o stress salino consiste em superar as irregularidades nos mecanismos fisiológicos das plantas através de alguns dos reguladores/hormonas de crescimento das plantas e produtos químicos.

De um ponto de vista agrícola, a salinidade é a acumulação de sais dissolvidos na água do solo a um ponto que inibe o crescimento das plantas (Gorham, 1992). A salinidade é um constrangimento importante para a produção alimentar porque limita o rendimento das culturas e restringe a utilização de terras anteriormente não cultivadas. As estimativas variam, mas aproximadamente 7% da área total de terra do mundo é afetada pela salinidade (Flowers *et al.*, 1997). Mais importante ainda,

a percentagem de terras cultivadas afectadas pelo sal é ainda maior. Além disso, existe também uma tendência perigosa de aumento de 10% por ano da área salina em todo o mundo (Pannamieruma, 1984).

Além disso, a salinidade é um problema para a agricultura porque apenas algumas espécies e genótipos de culturas estão adaptados às condições salinas. Embora a irrigação cubra apenas cerca de 15% das terras cultivadas do mundo, as terras irrigadas têm, pelo menos, o dobro da produtividade das terras de sequeiro, podendo, por conseguinte, produzir um terço dos alimentos do mundo. A redução da produtividade das terras irrigadas devido à salinidade é, por conseguinte, um problema grave. Com o aumento previsto da população de 1,5 mil milhões de pessoas nas próximas duas décadas, juntamente com o aumento da urbanização nos países em desenvolvimento, a agricultura mundial enfrenta um enorme desafio para manter, quanto mais aumentar, o nosso atual nível de produção alimentar (Owens, 2001).

De um modo geral, a salinidade pode inibir o crescimento das plantas de três formas principais:

a)   Défice hídrico resultante de um potencial hídrico mais negativo (pressão osmótica elevada) da solução do solo;

b)   Toxicidade iónica específica geralmente associada à absorção excessiva de cloreto ou de sódio; e

c)   Desequilíbrio iónico dos nutrientes quando o excesso de Na^+ ou de Cl^- conduz a uma diminuição da absorção de K^+, $Ca2^+$, $NO3^-$ ou P, ou a uma distribuição interna deficiente de um ou outro destes iões.

A salinidade pode afetar o crescimento, a acumulação de matéria seca e o rendimento. A redução no crescimento de plantas salinizadas pode estar relacionada com a perturbação induzida pelo sal no balanço hídrico da planta, e a redução do crescimento sob stress de salinidade inclui desequilíbrios iónicos, alterações no estado nutricional e fito-hormonal, processos fisiológicos, reacções bioquímicas, ou uma combinação de tais factores. (Kumar, 2000).

O ácido giberélico, hormona de crescimento que melhora a floração, aumenta a frutificação e o tamanho dos frutos. Apresenta respostas positivas para aumentar o prazo de validade, bem como os parâmetros de qualidade dos frutos e legumes. O potássio aumenta a resistência aos agentes patogénicos bacterianos, virais, nemátodos e fúngicos (Perrenoud, 1990). O silício deposita-se nas superfícies das plantas e serve de camada protetora contra o stress biótico e abiótico, bem como aumenta a taxa de fotossíntese e o rendimento da cultura (Miyake e Takahashi, 1983).

A produção de qualidade tornou-se um aspeto muito importante nos últimos tempos devido à sua crescente procura tanto no mercado internacional como no mercado nacional. Assim, a qualidade dos produtos pode ser grandemente melhorada com a aplicação de reguladores de crescimento e outros produtos químicos de gama variável. Com o aumento da produção e da procura ao longo dos anos, torna-se imperativo minimizar as perdas de amendoim.

Assim, na presente investigação, tentou-se estudar o efeito do ácido giberélico, do nitrato de potássio e do ácido silícico nas alterações bioquímicas das plântulas de amendoim (*Arachis hypogaea* L.) irrigadas com água salina.

1.2 OBJECTIVOS DO TRABALHO DE INVESTIGAÇÃO

1. Estudar o efeito do ácido giberélico, nitrato de potássio e ácido silícico sobre parâmetros fisiológicos e constituintes bioquímicos em mudas de *Arachis hypogaea* (L.) irrigadas com água salina.

2. Estudar o efeito do ácido giberélico, do nitrato de potássio e do ácido silícico na atividade das enzimas antioxidantes em plântulas de *Arachis hypogaea* (L.) irrigadas com água salina.

3. Estudar a eficiência do tratamento com ácido giberélico, nitrato de potássio e ácido silícico em mudas de *Arachis hypogaea* (L.) irrigadas com água salina.

1.3 IMPORTÂNCIA DO PROBLEMA

A fim de desenvolver ideótipos para uma agricultura sustentável, bem como para melhorar o desempenho geral das plantas nas condições de um clima em mudança e de uma maior gravidade das tensões abióticas, como a salinidade, seria imperativo explorar o envolvimento do ácido giberélico, do nitrato de potássio e do ácido silícico na tolerância às tensões abióticas numa cultura sensível como o amendoim.

Na região de Saurashtra, o amendoim é frequentemente irrigado com água doce com níveis variáveis de salinidade; esta investigação irá melhorar o nosso conhecimento sobre o possível papel do ácido giberélico, do nitrato de potássio e do ácido silícico na modificação de diferentes parâmetros fisiológicos, bioquímicos, incluindo diferentes osmólitos, bem como o sistema de eliminação de espécies reactivas de oxigénio (ROS), incluindo diferentes enzimas oxidativas, contra a utilização de água salina para tolerância a condições salinas.

1.4 LIMITAÇÕES DO ESTUDO

Esta experiência foi realizada num vaso mantido numa estufa com factores ambientais bastante controlados. Pode haver a possibilidade de obter resultados diferentes em condições de campo devido à natureza complexa de vários factores ambientais/solos.

CAPÍTULO - II

REVISÃO DA LITERATURA

Este capítulo abrange a literatura recente sobre as alterações fisiológicas, bioquímicas e enzimáticas do amendoim em resposta à água de irrigação salina e ao efeito do ácido giberélico, do nitrato de potássio e do ácido silícico, bem como para preencher as lacunas da investigação, outras referências relacionadas e relevantes foram brevemente revistas no subtítulo apropriado.

2.1 ORIGEM E TAXONOMIA DO AMENDOIM

O amendoim pertence à família *Leguminosae*, subfamília *Papilionoidae*, tribo *Aeschnomeneae*, subtribo *Stylosanthinae*, género *Arachis* e espécie *hypogaea* (Isleib *et al.*, 1994). O nome do género *Arachis* deriva de a-rachis (grego, que significa sem espinha) em referência à ausência de ramos erectos. O nome da espécie *hypogaea* deriva de hupo-ge (grego, que significa abaixo da terra) e está relacionado com o ginóforo (pedúnculo ou estaca da flor) que cresce para baixo, para dentro da terra, de modo a que a vagem se desenvolva debaixo da terra. A *A. hypogaea*, a única espécie cultivada, não é conhecida no seu estado selvagem. As classificações subespecíficas e varietais baseiam-se principalmente na localização das flores na planta, nos padrões dos nós reprodutivos nos ramos, no número de tricomas e na morfologia das vagens. Existem duas subespécies principais de *A. hypogaea* que diferem principalmente no seu padrão de ramificação: a ssp. *hypogaea* com ramificação alternada e a subespécie *fastigiata* com ramificação sequencial. Dentro da ssp. hypogaea existem duas variedades botânicas: var. *hypogaea* (tipos Virginia e runner) e var. *hirsuta* (jubarte peruana e dragão chinês). A subespécie *fastigiata* também está dividida nas variedades botânicas *fastigiata* (tipo Valência) e *vulgaris* (tipo espanhol).

A semente de amendoim é constituída por dois cotilédones, eixo do caule e folha primordial, hipocótilos e raiz primária. A função do hipocótilo é empurrar a semente para a superfície do solo durante a germinação, e o seu comprimento é determinado pela profundidade de plantação. O hipocótilo pára de se alongar assim que a luz atinge o cotilédone emergente. Assim, a emergência do amendoim é intermédia entre os tipos epígeo (o hipocótilo alonga-se e os cotilédones emergem acima do solo) e hipogéneo (os cotilédones permanecem abaixo do solo). A raiz axial cresce muito rapidamente, atingindo um comprimento médio de 10-12 cm em quatro a cinco dias. As raízes laterais aparecem cerca de três dias após a germinação. O crescimento inicial da planta é lento, observando-se um crescimento mais rápido entre 40 e 100 dias após a emergência. O amendoim é uma leguminosa herbácea, anual, autopolinizadora, de crescimento ereto ou prostrado, com um hábito de crescimento indeterminado. A polinização cruzada natural ocorre a taxas inferiores a 1 % e superiores a 6 %, devido a flores típicas ou à ação das abelhas. A planta é pouco pilosa e cresce geralmente entre 12 e 65 cm de altura. As plantas desenvolvem três caules principais; o caule principal desenvolve-se a partir do botão terminal do epicótilo, enquanto os dois caules laterais de tamanho igual ao do caule central se desenvolvem a partir dos botões auxiliares cotiledonares. O amendoim produz uma raiz axial bem desenvolvida com muitas raízes laterais. A raiz axial tem quatro séries de raízes laterais dispostas em espiral, com ramificações abundantes e geralmente com um grande número de nódulos. As raízes não têm pêlos radiculares convencionais; formam-se tufos de pêlos nas axilas das raízes laterais. As plantas de amendoim começam a florir cerca de 30 a 40 dias após a plantação e a produção máxima de flores ocorre 6 a 10 semanas após a plantação. As flores são autopolinizadas por volta do nascer do sol e murcham dentro de 5 a 6 horas. Dentro de uma semana após a fertilização, a ponta do ovário com 1 a 5 óvulos cresce entre as brácteas florais, levando consigo as pétalas secas, os lóbulos do cálice e os hipantos; criando uma estrutura floral única, o carpóforo, vulgarmente conhecido como estaca ou ginóforo. A estaca alonga-se rapidamente e o crescimento é positivamente geotrópico até penetrar vários centímetros (5 a 10 cm) no solo, quando a ponta se torna diageotrópica e o ovário começa a desenvolver-se numa vagem. Como a floração continua durante um longo período, e devido à relação entre o número de vagens por planta e o padrão de precipitação, as vagens estão em todas as fases de desenvolvimento aquando da colheita. As estacas próximas da raiz principal que entram no solo no início da estação necessitam de um período de tempo mais longo para atingir a maturidade do que as estacas localizadas mais longe da planta. A vagem é uma esfera alongada com diferentes reticulações na superfície e/ou constrição entre as sementes, e contém de uma a cinco sementes. As vagens atingem o tamanho máximo após 2 a 3 semanas no solo, o teor máximo de óleo em 6 a 7 semanas e o teor máximo de proteínas após 5 a 8 semanas. Existe uma variabilidade considerável nas características morfológicas do amendoim: tamanho da semente (0,15 a mais de 1,3 g de semente^{-1}), cor da semente (branca, rosa claro, rosa, vermelha, púrpura, branca manchada de vermelho púrpura), número de sementes por vagem (1 a 5), comprimento da vagem (11 a 83 mm) e largura da vagem (9 a 27 mm).

2.2 COMPOSIÇÃO PROXIMAL

As utilizações do amendoim são diversas; todas as partes da planta podem ser utilizadas. O fruto (amêndoa) é uma fonte rica de óleo comestível, contendo 36 a 54% de óleo e 25 a 32% de proteínas. Composição aproximada, valor anti-nutricional e nutricional das sementes de amendoim (*Arachis hypogaea* L.) com humidade (5,529 %), fibra bruta (1,149 %), lípidos (46,224 %), proteína bruta (25,20 %), hidratos de carbono (21,26 %), cinzas (2,577 %), cálcio (0,087 %), fósforo (0,29 %) e energia (601,856 %). A composição total de ácidos gordos foi de 10,44 e 33,51 % para os ácidos gordos saturados e insaturados, respetivamente. A análise anti-nutricional revela um teor de cianeto de 4,818 HCN/100 g, tanino de 0,412/100 g e oxalato de 0,180/100 g (Satish e Shrivastava, 2011).

2.3 CLASSIFICAÇÃO TAXONÓMICA

A classificação taxonómica do amendoim é a seguinte

Reino :	Plantas
Sub-reino :	Traqueobiontes
Super divisão :	Spermatophyta
Divisão :	Magnoliophyta
Classe :	Magnoliophyta
Subclasse :	Rosídeos
Encomendar :	Fabales
Família :	Fabáceas
Género :	*Arachis*
Espécies :	*Hipogaia*
Nome botânico : [*Arachis hypogaea* (L.)]	

2.4 CONDICIONALISMO DA PRODUÇÃO

As tensões abióticas, *nomeadamente a* seca, a temperatura e a salinidade, afectam o crescimento e o metabolismo das plantas. Entre estes, a salinidade do solo, a salinidade da água e a alcalinidade são os principais factores que causam a salinização e reduzem a produção agrícola em vastas áreas das regiões áridas, semiáridas e costeiras do mundo. A salinidade ou stress salino é definida como a presença de uma concentração excessiva de sais solúveis que suprimem o crescimento e o desenvolvimento das plantas. Estes incluem geralmente várias proporções de catiões, *como o* cálcio, o magnésio e o sódio, e de aniões, *como o* cloreto, o sulfato e o bicarbonato (Parida e Das, 2005).

As plantas expostas ao stress salino sofrem alterações no seu ambiente. A capacidade das plantas para tolerar o sal é determinada por múltiplas vias bioquímicas que facilitam a retenção e aquisição de água, protegem as funções dos cloroplastos e mantêm a homeostase iónica. As vias essenciais incluem as que conduzem à síntese de metabolitos osmoticamente activos, proteínas específicas e certas enzimas de eliminação de radicais livres que controlam o fluxo de iões e de água e apoiam a eliminação de radicais de oxigénio ou de chaperonas. A capacidade das plantas para desintoxicar radicais em condições de stress salino é provavelmente o requisito mais crítico. Muitas espécies tolerantes ao sal acumulam metabolitos metilados, que desempenham papéis duplos cruciais como osmoprotectores e como eliminadores de radicais. As respostas das plantas ao stress salino, com ênfase nos mecanismos fisiológicos e moleculares de tolerância ao sal, são analisadas em termos bioquímicos e moleculares. Esta revisão pode ajudar em estudos interdisciplinares para avaliar o significado ecológico do stress salino (Parida e Das, 2005).

O stress salino inflige efeitos adversos consideráveis no crescimento das plantas, na associação simbiótica entre os nódulos e os rizóbios do solo e, finalmente, na capacidade de fixação de azoto. No entanto, a intensidade dos efeitos adversos e prejudiciais do stress salino depende da natureza das espécies vegetais, da concentração e duração do stress salino, do estádio de desenvolvimento da planta e do modo de aplicação do sal à cultura. A salinidade é uma caraterística poligénica que afectou negativamente os caracteres biométricos, morfofisiológicos, bioquímicos e biofísicos do feijão-mungo (Mahajan e Tuteja, 2005).

As ervas daninhas causam grandes reduções de rendimento quando não são controladas no início da estação de crescimento; por isso, são desejáveis cultivares que estabeleçam rapidamente um dossel completo, a fim de suprimir as ervas daninhas (Stalker, 1997).

Em Gujarat, as zonas salinas estão principalmente confinadas às regiões de Bhal, Ghed e costeiras. O trato de Saurashtra-Kutch é dotado de uma vasta extensão de região costeira dos 1600 km de costa marítima de Gujarat. Quase 1.254 km (78 %) de mares arebianos atravessam a península de Saurastra-Kutch (Patel *et al.*, 1992). Assim, a salinidade de diferentes tipos e níveis é um problema grave em Saurashtra e Gujarat, afectando o rendimento e a qualidade de muitas culturas alimentares. Ahmed (2009) também referiu que a redução do rendimento do feijão-mungo sob stress salino pode dever-se à diminuição da eficiência diária da planta para encher as sementes em desenvolvimento, o que pode levar à redução do número de sementes por vagem ou planta e do rendimento de matéria seca de cada semente.

Embora a planta do amendoim seja tolerante à seca, a humidade inadequada, associada a uma precipitação pouco fiável e mal distribuída, é o fator abiótico mais crítico que limita o rendimento nas regiões semi-áridas (Stalker, 1997).

2.5 Efeito da salinidade, do ácido giberélico, do nitrato de potássio e do   ácido

silícico
parâmetros fisiológicos
2.6 Efeito da salinidade, do   ácido giberélico, do   nitrato de potássio e do   ácido
silícico
constituintes bioquímicos
2.7 Efeito da salinidade, do ácido giberélico, do nitrato de potássio e do ácido silícico nas
actividades das enzimas oxidativas
2.8 . EFEITO DA SALINIDADE, DO ÁCIDO GIBERÉLICO, DO NITRATO DE POTÁSSIO E DO ÁCIDO SILÍCICO NOS PARÂMETROS FISIOLÓGICOS
2.5.1 Teor relativo de água (RWC)
Reddy *et al.* (2003) estimaram as respostas fisiológicas do amendoim (*Arachis hypogaea* L.) ao stress da seca. O stress hídrico tem uma influência adversa nas relações hídricas, na fotossíntese, na nutrição mineral, no metabolismo, nas áreas de crescimento e no rendimento do amendoim. A RWC das folhas é mais elevada nas fases iniciais de desenvolvimento das folhas e diminui à medida que a matéria seca se acumula e as folhas amadurecem. Verificaram que as plantas sujeitas a stress têm uma CTR inferior à das plantas não sujeitas a stress. A CAA das plantas não stressadas varia entre 85 e 90 %, enquanto que nas plantas stressadas pela seca pode ser tão baixa como 30 %. Quase todos os processos metabólicos são afectados por défices hídricos. Os défices hídricos graves provocam uma diminuição da atividade enzimática. Os hidratos de carbono complexos e as proteínas são decompostos por enzimas em açúcares mais simples e aminoácidos, respetivamente. A acumulação de compostos solúveis nas células aumenta o potencial osmótico e reduz a perda de água das células. A prolina, um aminoácido, acumula-se sempre que há stress hídrico. A acumulação de prolina é maior nas fases mais avançadas do stress hídrico, pelo que a sua concentração é considerada um bom indicador do stress hídrico.
Kabir *et al.* (2004) examinaram o efeito do potássio na tolerância à salinidade do feijão-mungo [*Vigna radiate* (L.) Wilczek] e referiram que a salinidade diminuía o teor relativo de água e a capacidade de retenção de água, enquanto aumentava o défice de saturação de água e a capacidade de absorção de água no feijão-mungo.
Kaya *et al.* (2006) estudaram os efeitos combinados do stress hídrico e do ácido giberélico (GA3) nos atributos fisiológicos e no estado nutricional do milho (*Zea mays* L. *cv.*, DK 647 F1) numa experiência em vaso. As plantas de milho foram cultivadas em condições de controlo (bem regadas) e de stress hídrico, sujeitas a stress hídrico e a duas concentrações de ácido giberélico (GA3 25 mgL^{-1} , 50 mgL^{-1}). O WS foi imposto mantendo o nível de humidade equivalente a 50 % da capacidade do vaso, enquanto os vasos WW foram mantidos à capacidade total do vaso. O stress hídrico reduziu o peso seco total, a concentração de clorofila e o teor relativo de água nas folhas (RWC), mas aumentou a acumulação de prolina e a idade de fuga de electrólitos nas plantas de milho e parece afetar mais os rebentos do que as raízes. Ambas as concentrações de GA3 (25 e 50 mgL^{-1}) aumentaram largamente os parâmetros fisiológicos acima referidos para níveis semelhantes aos do controlo. A WS reduziu as concentrações foliares de Ca^{+2} e K^{+} , mas a aplicação exógena de GA3 aumentou o nível de nutrientes de forma semelhante ou próxima do controlo. A aplicação exógena de GA3 melhorou a tolerância ao stress hídrico em plantas de milho, mantendo a permeabilidade da membrana, aumentando a concentração de clorofila, o conteúdo relativo de água na folha (LRWC) e algumas concentrações de macronutrientes nas folhas.
Shahid (2006) revelou que a quantidade de humidade do solo disponível para as plantas em

regiões áridas e semi-áridas é um fator limitante importante para o rendimento das culturas. Nestas condições, a fertilização com potássio revelou-se útil para atenuar os efeitos adversos do stress hídrico. Foi estudada a interação entre o estado do K da planta$^+$ e o stress hídrico no rendimento e nas relações hídricas da mostarda, do sorgo e do amendoim. O teor de água do tecido foliar foi significativamente aumentado pela aplicação de K$^+$ e o maior aumento na RWC foi de 14,7%, 17,4% e 22,8% em condições normais, e de 8,7%, 19,9% e 17,7% em condições de stress hídrico na mostarda, sorgo e amendoim, respetivamente. A produção de biomassa acima do solo, o rendimento de grãos e a RWC foram altamente correlacionados com a concentração de K$^+$ nos tecidos, mostrando que a concentração de K$^+$ nas folhas desempenhou um papel vital no aumento da resistência ao stress hídrico e na estabilização do rendimento nas culturas estudadas.

Panda e Khan (2009) observaram o crescimento, os danos oxidativos e as respostas antioxidantes em grama verde sob diferentes stresses de salinidade de NaCl (0, 50, 100, 150 mML^{-1}) durante 24 horas e recuperação pós-NaCl após 24 horas no crescimento, relações hídricas, composição iónica das folhas de [*Vigna radiata* (L.)]. Eles relataram que o conteúdo relativo de água diminuiu devido à salinidade.

Kalariya *et al.* (2013) realizaram uma experiência de campo durante o verão, a fluorescência da clorofila e a taxa fotossintética líquida foram estudadas em seis cultivares espanholas de amendoim sob condições de défice hídrico (DH) entre o início da floração e o início da semente (DH I) e entre o início da semente e o início da maturidade (DH II), através da retenção da irrigação 31-62 DAS e 62-87 DAS, respetivamente. A RWC média das folhas diminuiu de 92 % no controlo para 88 % no DQ I e de 91 % no controlo para 84 % no DQ II, com a menor diminuição no ICGS 44 no DQ I e no TAG 24 no DQ II.

Kaur *et al.* (2014) observaram alterações fisiológicas e bioquímicas induzidas pela salinidade em genótipos de grão-de-bico (*Cicer arietinum* L.). Os genótipos de grão-de-bico desi (ICC8950, ICCV10, ICC15868, GL26054) e kabuli (BG1053, L550, L552) foram avaliados quanto à tolerância à salinidade. A diminuição máxima do teor relativo de água nas folhas foi observada com ICC15868 e GL26054 entre os genótipos desi e L552 entre os genótipos kabuli. O teor relativo de água nas folhas dos genótipos de grão-de-bico foi significativamente reduzido com o aumento da salinidade.

Chakraborty *et al.* (2015) estudaram as respostas bioquímicas e fisiológicas de cultivares de amendoim (*Arachis hypogaea* L.) ao stress por défice hídrico. A partir de um experimento de campo, as mudanças no estresse oxidativo e nas atividades das enzimas antioxidantes foram estudadas em seis cultivares de amendoim espanholas submetidas a 25-30 dias de estresse por déficit hídrico em dois estágios diferentes: estágios de desenvolvimento de vagens e de pegging. A imposição de stress por défice hídrico reduziu significativamente o teor relativo de água, a estabilidade das membranas e o teor total de carotenóides em todas as cultivares. A relação entre diferentes parâmetros fisiológicos mostrou que o nível de stress oxidativo, em termos de produção de espécies reactivas de oxigénio, estava negativamente correlacionado com as actividades de diferentes enzimas antioxidantes, como a superóxido dismutase, a catalase, a peroxidase, a ascorbato peroxidase e a glutationa redutase.

Kalariya *et al.* (2015) revelaram que a relação entre o conteúdo relativo de água (RWC) e a murchidão permanente foi estudada em 21 cultivares espanholas de amendoim, impondo 60 dias de stress progressivo (DPS), retendo a irrigação 24 dias após a emergência (DAE) e registando periodicamente o conteúdo de humidade do solo, a temperatura do solo, o RWC das folhas e os sintomas de murchidão. Com o aumento do stress por défice hídrico, a RWC das folhas diminuiu progressivamente em todas as cultivares com valores médios de 92, 85, 77, 69 e 61 por cento aos 10, 25, 35, 50 e 60 DPS, respetivamente.

Ramaiyapillai (2015) estudou a resposta fisiológica e bioquímica da ervilha-de-angola (*Cajanus cajan*) ao stress salino. Foi relatado que as doses aplicadas de concentrações de sal causaram estresse nas plantas jovens de ervilha-de-angola, que encontraram expressão na supressão do crescimento e produziram mudanças nos pigmentos fotossintéticos, parâmetros fisiológicos como; conteúdo relativo de água.

Chakraborty *et al.* (2016) observaram o papel benéfico do potássio (K) na tolerância do amendoim à salinidade. Foi realizada uma experiência de campo utilizando duas cultivares diferentemente responsivas ao sal e três níveis de tratamento de salinidade (controlo, 2,0 dSm$^-$^{1} e 4,0 dSm^{-1}) juntamente com dois níveis (com e sem) de fertilizante de potássio (0 e 30 kg K$_2$O ha^{-1}). O resultado revelou que a aplicação de potássio melhora as propriedades fisiológicas e bioquímicas do amendoim. O conteúdo relativo de água (RWC) nas folhas das plantas tratadas com salinidade mostrou uma redução significativa. O tratamento com salinidade, particularmente no nível mais elevado, resultou numa redução significativa da taxa de fotossíntese líquida e do teor de clorofila. No entanto, com a aplicação de K$^+$, registou-se uma melhoria significativa no RWC das folhas, na taxa de fotossíntese líquida e na clorofila.

Shariatmadari *et al.* (2017) relataram o efeito do ácido giberélico na emergência e no vigor do grão-de-bico (cultivar ILC 6266) sob stress hídrico. Foram utilizados no estudo diferentes tratamentos com ácido giberélico, incluindo zero, 50, 100 e 150 ppm. Enquanto os diferentes níveis de tratamento de seca utilizados no estudo foram 70, 50 e 30 por cento da capacidade de campo. A preparação com ácido giberélico reduziu de forma proeminente os efeitos adversos da seca. Verificaram que o teor relativo de água diminuiu significativamente sob stress de seca, de modo que o nível de stress de seca de 30 % FC causou uma redução de 170 e 97 % no RWC em condições de controlo e de preparação, respetivamente, em comparação com o nível de stress de seca de 70 % FC. O priming com GA3 melhorou o conteúdo relativo de água da folha, de modo que a caraterística aumentou 13, 27 e 55 % sob níveis de stress de seca de 70, 50 e 30 % FC, respetivamente, através da aplicação de priming com ácido giberélico.

Shinde *et al.* (2017) relataram a acumulação de prolina induzida pelo stress hídrico e as enzimas antioxidantes no amendoim (*Arachis hypogaea* L.). Mudas cultivadas por trinta dias de oito genótipos de amendoim *viz*, RHRG-6083, TAG-24, TG-60(LC), Karad-4-11, SB-XI, RHRG-6097, RHRG-6021 e RHRG-6055 foram submetidas a stress hídrico por retenção de rega durante 15 dias numa experiência de cultura em vaso, a fim de avaliar o seu efeito na RWC, acumulação de prolina, proteínas solúveis, teor de clorofila e actividades da superóxido dismutase (SOD), peroxidase (POX), glutatião redutase (GR) e peroxidação lipídica (MDA). Verificou-se que o teor de clorofila e RWC diminuiu durante o stress hídrico. Este estudo revelou que, em condições de stress hídrico, o SB-XI, o TAG-24 e o RHRG-6021 apresentaram um maior aumento do teor de prolina e das actividades das enzimas antioxidantes, com uma menor redução da RWC e da clorofila.

2.5.2 pH da folha

Johannes *et al.* (2011) observaram variação no pH da folha devido ao estresse salino e relataram que o pH da folha era uma espécie relacionada e independente da propriedade do solo.

Solanki (2018) estudou o efeito da aplicação exógena de ácido salicílico na irrigação de grama preta (*Vigna mungo* L. Hepper) com água salina e relatou que o pH da folha era uma espécie relacionada e independente da propriedade do solo.

Trivedi (2018) examinou o efeito da aplicação exógena de ácido salicílico na irrigação de grama preta (*Vigna radiata* L. Hepper) com água salina e relatou que o pH da folha era uma espécie relacionada e independente da propriedade do solo.

2.5.3 Índice de estabilidade da membrana (MSI)

Bandurska e Floryszak (2002) examinaram o efeito do stress por défice hídrico na lesão da membrana das folhas de plântulas de cevada. Referiram que a resposta das plantas ao stress hídrico dependia do grau de stress por défice hídrico e da rapidez da progressão do stress. Observaram também que a MSI diminuía significativamente sob stress hídrico e que se observava um maior declínio nos genótipos susceptíveis.

Sairam *et al.* (2002) verificaram que o índice de estabilidade da membrana diminuiu sob stress hídrico, bem como com a idade da planta em todos os genótipos de trigo. O MSI diminuiu sob stress hídrico tanto nos genótipos tolerantes como nos moderadamente tolerantes em várias fases, como 60 DAS, 50% da antese e 20 dias após a antese. O MSI foi mais elevado no genótipo tolerante do que no moderadamente tolerante em todas as fases e tratamentos.

Sumera *et al.* (2009) estimaram que as alterações induzidas pelo stress hídrico nas enzimas antioxidantes, no índice de estabilidade das membranas e no perfil proteico das sementes de quatro acessos diferentes de trigo (*Triticum aestivum* L.) (011251, 011417, 011320 e 011393) foram determinadas num estudo em vaso em condições naturais. A amostragem foi efectuada 3, 6 e 9 dias após a indução do stress hídrico. A recuperação foi estudada às 48 e 72 horas após a rega. Sob stress hídrico, verificou-se um aumento acentuado das enzimas antioxidantes das folhas associado a uma diminuição do índice de estabilidade das membranas e do teor de proteínas. O acesso 011320 mostrou um aumento da atividade da catalase e da peroxidase, mas uma diminuição máxima do índice de estabilidade da membrana e do teor de proteínas.

Azizpour *et al.* (2010) estudaram a resposta fisiológica de genótipos de trigo duro de primavera à salinidade e relataram que o índice de estabilidade da membrana diminuiu sob o stress salino.

Esfandiari (2011) examinou as alterações bioquímicas e fisiológicas em resposta à salinidade em dois genótipos de trigo duro (*Triticum turgidum* L.). Revelaram que o stress salino diminuiu o índice de estabilidade da membrana.

Alqarawi *et al.* (2014) observaram o impacto do stress salino abiótico em algumas actividades metabólicas da *Ephedra alata decne* e referiram que o índice de estabilidade da membrana foi afetado negativamente com o aumento da concentração de NaCl.

Chakraborty *et al.* (2015) estudaram as respostas bioquímicas e fisiológicas de cultivares de amendoim (*Arachis hypogaea* L.) ao stress por défice hídrico. A partir de um experimento de campo, as mudanças no estresse oxidativo e nas atividades das enzimas antioxidantes foram estudadas em seis cultivares espanholas de amendoim submetidas a 25-30 dias de estresse por déficit hídrico em dois estágios diferentes: estágios de desenvolvimento de vagens e de pegging. A imposição do stress por défice hídrico reduziu significativamente o teor relativo de água, a estabilidade das membranas e o teor de carotenóides totais em todas as cultivares.

Sunitha *et al.* (2015) concluíram que o estresse por seca é um dos estresses abióticos importantes que podem limitar o crescimento e o rendimento das culturas, alterando vários processos fisiológicos e bioquímicos no amendoim (*Arachis hypogaea* L.). Os resultados revelaram que a redução na eficiência do uso da água, o índice de estabilidade da membrana e o maior acúmulo de prolina, FAA e proteínas solúveis totais com melhores potenciais de rendimento provaram ser tolerantes ao estresse hídrico.

2.9 EFEITO DA SALINIDADE, DO ÁCIDO GIBERÉLICO, DO NITRATO DE POTÁSSIO E DO ÁCIDO SILÍCICO NOS CONSTITUINTES BIOQUÍMICOS

2.6.1 Fenol total

Singh (2004) revelou que a fisiologia da tolerância ao sal no grão-de-bico (*Cicer arietinum*). Dois genótipos tolerantes (SG-11 & DHG-84-11) e dois susceptíveis (Pusa-256 & Phule G-5) de grão-de-bico foram germinados em caixas de germinação esterilizadas sob diferentes níveis de stress salino (NaCl : CaCl2 : Na2SO4) *viz.*, 0,0 (controlo), 4,0 e 8,0 dSm^{-1} para investigar a base fisiológica da tolerância ao sal. No stress de salinidade máxima, verificou-se comparativamente uma maior acumulação de açúcar, proteínas, prolina e fenol nos genótipos tolerantes, juntamente com actividades mais elevadas de amilase, peroxidase, catalase e protease mais baixas.

Hussein *et al.* (2012) examinaram o crescimento, o rendimento, os pigmentos fotossintéticos e os fenóis totais das plantas de pimento afectados pela aplicação foliar de potássio sob diferentes salinidades da água de irrigação e referiram que a concentração de fenóis totais nas folhas de pimento aumentou significativamente com o aumento da salinidade da água de irrigação, a aplicação foliar de KMP (100 ou 200 ppm) aumentou a concentração de fenóis totais nas folhas em 2,1 a 2,6 vezes em comparação com a das plantas que não receberam aplicação foliar de KMP. O aumento correspondente para as plantas irrigadas com água de baixa e alta salinidade foi de 1,6 a 1,8 vezes e 1,2 a 1,9 vezes, respetivamente.

Dheeba *et al.* (2015) estudaram o efeito da água salina irrigada com diferentes níveis de salinidade na grama preta (*Vigna mungo*). Os resultados deste estudo indicaram que a salinidade prejudicava a germinação das sementes, retardava o desenvolvimento das plantas e reduzia o rendimento das culturas. O aumento da salinidade afecta o crescimento da *Vigna mungo*, diminuindo a percentagem de germinação, o comprimento dos rebentos, o comprimento das raízes, o peso seco, o peso fresco, os pigmentos, o teor de proteínas, os aminoácidos livres e o aumento dos hidratos de carbono, da prolina, do teor de fenóis, da atividade da catalase e da superóxido dismutase.

Aslam *et al.* (2016) observaram que o conteúdo fenólico aumentou sob a prevalência de condições salinas no feijão-mungo. Este aumento pode dever-se ao mecanismo de adaptação celular para eliminar as espécies reactivas de oxigénio.

Zohra *et al.* (2016) observaram o efeito do stress salino no crescimento e em alguns parâmetros bioquímicos de *Mentha suaveolens*. A salinidade apresenta um fator limitante para o crescimento das plantas na palavra, neste trabalho para estudar a *Mentha suaveolens* cultivada sob estresse salino a 150 mM NaCl. Os resultados mostraram que o stress salino provoca uma redução dos parâmetros de crescimento e alterações nos parâmetros bioquímicos: uma diminuição significativa na forte acumulação de fenol total.

Mohan e Shashidharan (2018) estudaram o efeito do stress salino no amendoim. As plantas de amendoim foram cultivadas em condições *in vitro* e *in vivo sob* stress salino. Foram analisados alguns parâmetros bioquímicos em ambas as condições. Verificou-se que houve um aumento nos parâmetros bioquímicos como compostos fenólicos, peróxido de hidrogénio, enzima peroxidase e proteínas nas plantas tratadas com sal.

2.6.2 Proteína verdadeira

Undovenko (1971) estudou o efeito da salinidade do substrato no metabolismo do azoto de plantás de grama verde com diferentes níveis de tolerância ao sal. Foi referido que o nível de proteínas das folhas diminuía com o stress salino, mas que o ácido salicílico podia aumentá-lo. A causa da redução das proteínas em condições de salinidade deveu-se à prevenção da atividade da redutase do nitrato.

Bewley e Black (1985) observaram que as proteínas solúveis totais de *Cajanus cajan* foram reduzidas devido aos efeitos deletérios da salinidade. A acumulação de Na^+ no citosol perturba a síntese de proteínas e de ácidos nucleicos.

Ashraf (1989) observou o efeito do NaCl nas relações hídricas, na clorofila e nos teores de proteína e prolina de duas cultivares de grama-preta. O teor de proteína das folhas aumentou com o aumento da concentração de sal em ambas as cultivares. Altas concentrações de sal não tiveram efeito significativo no conteúdo de proteína da semente de ambas as cultivares. As cultivares não diferiram significativamente nos teores de proteína da folha e da semente.

Gill e Sharma (1993) também registaram uma diminuição do teor de proteínas nas plântulas de *Cajanus cajan* com o aumento da salinidade.

Heuer *et al.* (1993) mostraram que a irrigação do amendoim com água salina afectava a sua qualidade. O teor de azoto e de proteínas diminuiu, o teor de aminoácidos livres e de sacarose aumentou e a quantidade de amido manteve-se mais ou menos constante com o aumento do nível de salinidade.

Panneerselvam (1997) observou uma melhoria do stress de NaCl em plântulas de amendoim (*Arachis hypogaea*). Ele relatou que o teor de proteínas nas plântulas de *Arachis hypogea diminuiu* com o aumento da salinidade.

Senthil *et al.* (2003) examinaram os bioreguladores em alguns parâmetros fisiológicos e bioquímicos da soja (*Glycin max.*) e relataram que a pulverização foliar de ácido giberélico aumentou significativamente a proteína solúvel na soja.

Kaur *et al.* (2014) observaram alterações fisiológicas e bioquímicas induzidas pela salinidade em genótipos de grão-de-bico (*Cicer arietinum* L.). A leitura dos resultados revela que o stress salino aumentou o teor total de proteínas, bem como as diferentes fracções proteicas em todos os genótipos de grão-de-bico. O aumento máximo do teor de proteínas foi observado em ICC8950, ICCV10, BG1053 e L550 com 30 mM NaCl. O conteúdo proteico no ICC15868, GL26054 e L550 aumentou muito pouco com o stress salino.

Sangeetha e Subramani (2014) estudaram as alterações induzidas pelo stress de cloreto de sódio em biomoléculas de grama preta (*Vigna mungo* L.). As sementes de grama-preta foram tratadas com várias concentrações, *nomeadamente*, controlo, 10, 25, 50, 75, 100 e 150 ppm de NaCl. As plantas bem crescidas foram utilizadas para a análise de vários parâmetros bioquímicos. Enquanto os metabolitos, como o teor de proteínas, aumentaram com o aumento das concentrações de NaCl. Também observaram que o acumulado nas plantas em condições salinas pode fornecer uma forma de armazenamento de nitrogénio que pode ser reutilizado mais tarde e pode desempenhar um papel no ajuste osmótico.

Mallika (2015) estudou a resposta fisiológica e bioquímica da ervilha-de-angola (*Cajanus cajan*) ao stress salino. Foi relatado que as doses aplicadas de concentrações de sal causaram stress nas plantas jovens de ervilha-de-angola, que encontraram expressão na supressão do crescimento, e produziram alterações nos pigmentos fotossintéticos, parâmetros bioquímicos como a proteína total.

Ramaiyapillai (2015) estudou a resposta da ervilha-de-angola (*Cajanus cajan*) ao stress salino. Foi relatado que as doses aplicadas de concentrações de sal causaram stress nas plantas jovens de ervilha-de-angola, que encontrou expressão na supressão do crescimento e produziu alterações nos pigmentos fotossintéticos, no teor relativo de água, nos parâmetros bioquímicos, tais como o teor total de proteínas.

Rathor *et al.* (2015) estudaram o impacto da sementeira precoce no teor de proteínas da grama preta sob stress salino. A salinidade demonstrou um efeito relativamente mais prejudicial no teor de proteínas. A sementeira precoce provocou uma diminuição do teor de proteínas.

Velmani (2015) estudou o crescimento e as características bioquímicas da grama preta [*Vigna mungo* (L.)] sob salinidade de NaCl. A salinidade é uma das principais restrições ambientais que influenciam a produtividade e a distribuição das plantas em todo o mundo. A salinidade reduz a capacidade das plantas para utilizar a água e provoca uma redução das taxas de crescimento, bem como alterações nos processos metabólicos das plantas. Além disso, diminui o crescimento e o rendimento das plantas, dependendo da espécie vegetal. Os critérios utilizados para avaliar o potencial de tolerância ao sal de qualquer espécie vegetal são de natureza morfológica, fisiológica e bioquímica. Enquanto a bioquímica inclui alterações qualitativas e quantitativas no conteúdo de proteínas, foi investigada.

Tayyab *et al.* (2016) estudaram as respostas ao stress salino da ervilha-de-angola (*cajanus cajan*) no crescimento, rendimento e alguns atributos bioquímicos. As plantas foram estabelecidas em seis níveis diferentes de concentrações de sal marinho, ou seja, 0,5, 1,6, 2,8, 3,5, 3,8 e 4,3 (CE). Foram medidos alguns parâmetros bioquímicos (clorofilas, carotenóides, açúcares e proteínas). A ervilha-de-angola mostrou uma resposta de crescimento sensível ao sal. No entanto, sobreviveu até à salinidade de 3,5 CE. O baixo teor de humidade e a suculência, juntamente com uma maior acumulação de açúcares solúveis e proteínas, podem ser atribuídos aos ajustes osmóticos das folhas a baixa salinidade.

Borah *et al.* (2017) estudaram o efeito de diferentes fontes e níveis de potássio (K) no rendimento e na qualidade do amendoim *kharif* (*Arachis hypogaea* L.). O experimento foi estabelecido em um projeto fatorial de blocos aleatórios com duas repetições em que os tratamentos compreendiam cinco níveis de K *viz.*, 0, 10, 20, 30 e 40 kgha^{-1} K2O e quatro fontes de K *viz.*, muriato de potássio (MOP), sulfato de potássio (SOP), cinza de bagaço e schoenite e 25 e 50 kgha^{-1} N e P2O5, respetivamente, foram aplicados como dose basal comum. Os resultados revelaram que o aumento sucessivo dos níveis de potássio mostrou um efeito significativo no rendimento e nos atributos de rendimento da cultura do amendoim, juntamente com a qualidade. O teor de proteínas do grão de amendoim aumentou de 22 para 24,5% com a aplicação de 40 kgha^{-1} K2O em relação ao controlo e, entre as fontes, o teor de proteínas significativamente mais elevado foi registado com MOP (24,47%), que foi superior a todas as outras fontes de potássio.

Hasan e Ismail (2017) estudaram a resposta das plantas de amendoim a quatro níveis de GA3 (0, 50, 100 e 150 mgL^{-1}) como pulverização foliar aos 21 e 42 dias após a semeadura.

Os tratamentos foram dispostos num esquema de blocos completos aleatórios e replicados três vezes. Os resultados mostraram que o tratamento de 150 mgL^{-1} GA3 aumentou significativamente a altura das plantas, o número de ramos por planta, o peso seco total, o número de vagens por planta, o rendimento das vagens, o peso de 100 sementes, a percentagem de descasque, o teor de óleo, o teor de proteínas, a humidade das sementes e a percentagem de germinação durante as estações húmida e seca.

Baliah *et al.* (2018) concluíram que o efeito do ácido giberélico (GA3) foi estudado tanto no crescimento como nas características bioquímicas da grama verde (*Vigna radiata* L.). Os resultados indicaram que a aplicação foliar de GA3 aumentou os caracteres de crescimento, como o comprimento do rebento, o comprimento da raiz, o peso fresco e o peso seco da grama verde. Os resultados indicaram que os caracteres de crescimento foram atingidos ao máximo com 50 ppm de GA3 e a mesma tendência foi observada também nos caracteres bioquímicos. Os caracteres bioquímicos como a clorofila total, a proteína, os aminoácidos, a glucose e a atividade NR aumentaram com o aumento da concentração de GA3 (50 ppm).

Kumar *et al.* (2018) observaram a influência dos reguladores de crescimento das plantas nas alterações bioquímicas do feijão-mungo (*Vigna radiata* L. *wilczek*). Os tratamentos foram compostos por pulverização foliar de dois reguladores de crescimento de plantas (PGRs) de diferentes concentrações *viz.*, ácido giberélico (50, 100, 150 e 200 ppm) juntamente com controlo não tratado (pulverização de água destilada) e a pulverização foi feita aos 25 DAS. O ácido giberélico induziu uma influência positiva no teor de proteínas das plantas, mas a pulverização foliar de ácido giberélico 150 ppm aos 25 DAS foi mais profunda entre todos os tratamentos. O aumento máximo do teor de proteínas (25,07 %) foi registado com a pulverização foliar de ácido giberélico 150 ppm, que se revelou significativamente superior ao controlo (22,56 %). O teor mínimo de proteínas foi registado com a pulverização foliar de ácido giberélico 50 ppm em comparação com o controlo (23,24%).

2.6.3 Aminoácido livre

Heuer *et al.* (1993) mostraram que a irrigação do amendoim com água salina afectava a sua qualidade. O teor de azoto e de proteínas diminuiu, o teor de aminoácidos livres e de sacarose aumentou e a quantidade de amido manteve-se mais ou menos constante com o aumento do nível de salinidade.

Radi *et al.* (2001) estudaram o efeito das hormonas vegetais (GA3 ou ABA) e de alguns metabolitos das plântulas de trigo e relataram um aumento progressivo dos aminoácidos livres totais das plântulas de trigo, especialmente nos níveis mais elevados de salinização com NaCl.

Bassiouny e Bekheta (2005) examinaram o efeito do stress salino nos aminoácidos de duas cultivares de trigo. Foi investigada a resposta de duas cultivares de trigo, Giza 168 e Gimeza 9, ao stress de NaCl (0-14 dSm^{-1}). Os aminoácidos livres foram determinados em ambas as cultivares na ausência e na presença de NaCl. O conteúdo de aminoácidos aumentou em Gimeza 9, enquanto o conteúdo diminuiu em Giza 168 em todos os tratamentos com NaCl.

Waheed (2006) referiu que o efeito da salinidade no equilíbrio iónico e na composição de solutos da ervilha-de-angola *Cajanus cajan*. O melhor desempenho da ICPL-151 em condições salinas parece dever-se aparentemente à acumulação de menos Na$^+$ e mais K$^+$ e à relação K/Na e maior concentração de aminoácidos livres do que os outros dois acessos.

Salwa *et al.* (2010) realizaram uma experiência de campo durante as sucessivas épocas de crescimento (verão, 2008 e 2009) na área da planície de El-Tina, no Egipto, para estudar a tolerância à salinidade de duas cultivares de amendoim, nomeadamente Gregory e Giza 6. Os níveis de salinidade dos três solos utilizados foram 7,55, 9,20 e 12,5 dSm^{-1} . Os resultados revelaram que, com o aumento dos níveis de salinidade, houve um aumento significativo dos açúcares solúveis totais, do défice hídrico foliar, da integridade das membranas, das concentrações de prolina e de aminoácidos livres totais e da atividade enzimática em resultado do aumento das condições de stress salino.

Gobinathan *et al.* (2011) revelaram que o efeito do cloreto de sódio e do cloreto de cálcio no metabolismo da prolina de *Pennisetum glaucum* (L.). As plantas foram tratadas com soluções de 100 mM NaCl, 5 mM CaCl2, 100 mM NaCl com 5 mM CaCl2. Foi utilizada água subterrânea para a irrigação das plantas de controlo. As plantas foram colhidas aleatoriamente aos 30 e 50 dias após a sementeira (DAS). As plantas stressadas com NaCl e CaCl2 mostraram uma diminuição do teor de clorofila 'a', 'b', clorofila total e carotenóides, bem como da atividade da prolina oxidase e um aumento da atividade dos aminoácidos e do teor de prolina quando comparadas com o controlo. As plantas tratadas com NaCl e CaCl2 aumentaram a clorofila 'a', 'b', o teor total de clorofila e a atividade da prolina oxidase e diminuíram a atividade do teor de aminoácidos e prolina em todas as partes de *Pennisetum glaucum* (L.) quando comparadas com as plantas tratadas com NaCl.

Jharna *et al.* (2013) realizaram um ensaio de campo para monitorizar as alterações quantitativas de parâmetros bioquímicos, como o açúcar total e o aminoácido livre total, devido a condições de défice hídrico em plântulas de amendoim (*Arachis hypogaea* L.). As plantas foram cultivadas em condições irrigadas e não irrigadas. Nas sementes maduras dos genótipos, a seca resultou na elevação máxima de aminoácidos livres totais. O acúmulo de açúcar total foi maior nas sementes maduras do que nas prematuras. A seca provocou um aumento dos açúcares totais nas sementes maduras de trinta genótipos e uma diminuição nos restantes dez. Ao impor o stress hídrico, as sementes maduras dos genótipos apresentaram um aumento comparativamente elevado de açúcar total. No entanto, nas sementes maduras do genótipo ICGV-97228, o stress hídrico induziu um nível desejado de alteração na acumulação de aminoácidos livres totais e de açúcares totais, pelo que pode ser considerado preliminarmente como tolerante à seca.

Mallika (2015) estudou a resposta fisiológica e bioquímica da ervilha-de-angola (*Cajanus cajan*) ao stress salino. Foi relatado que as doses aplicadas de concentrações de sal causaram estresse nas plantas jovens de ervilha-de-angola, que encontraram expressão na supressão do crescimento e produziram mudanças nos parâmetros bioquímicos, como aminoácidos livres totais.

Shweta (2015) estudou o facto de o NPK aumentar a nodulação e a síntese de proteínas na planta. O IAA e o GA3, em conjunto, regulam os processos bioquímicos através da promoção de várias enzimas. A utilização de cinzas volantes, NPK, IAA e GA3 ajudou a aumentar o teor de aminoácidos.

2.6.4 Açúcar solúvel total e açúcar redutor

Manuel Guardia e Benlloch (1980) examinaram o efeito do potássio e do ácido giberélico no crescimento do caule de uma planta inteira de girassol e referiram que a distribuição desigual de K ao longo da planta (teor mais elevado de K nos entrenós superiores) foi reforçada pelo tratamento com GA3, o ácido giberélico aumentou o teor de açúcares redutores, especialmente em plantas deficientes em K. Um aumento do nível de K na solução nutritiva resultou numa diminuição do potencial osmótico dos segmentos do caule.

Azizpour *et al.* (2010) estudaram a resposta fisiológica de genótipos de trigo duro de primavera à salinidade e relataram que o teor de açúcar solúvel total aumentou sob o stress salino.

Jharna *et al.* (2013) realizaram um ensaio de campo para monitorizar as alterações quantitativas de parâmetros bioquímicos, como o açúcar total e o aminoácido livre total, devido a condições de défice hídrico em plântulas de amendoim (*Arachis hypogaea* L.). As plantas foram cultivadas em condições irrigadas e não irrigadas. Nas sementes maduras dos genótipos, a seca resultou na elevação máxima de aminoácidos livres totais. O acúmulo de açúcar total foi maior nas sementes maduras do que nas prematuras. A seca provocou um aumento dos açúcares totais nas sementes maduras de trinta genótipos e uma diminuição nos restantes dez. Ao impor o stress hídrico, as sementes maduras dos genótipos apresentaram um aumento comparativamente elevado de açúcar total. No entanto, nas sementes maduras do genótipo ICGV-97228, o stress hídrico induziu um nível desejado de alteração na acumulação de aminoácidos livres totais e de açúcares totais, pelo que pode ser considerado preliminarmente como tolerante à seca.

Kazemi (2013) estudou o efeito da aplicação foliar de nitrato de potássio e jasmonato de metilo no crescimento e na qualidade dos frutos do pepino e referiu que a aplicação de fertilizante de potássio aumentou o nível de açúcar solúvel total.

Sangeetha e Subramani (2014) estudaram as alterações induzidas pelo stress de cloreto de sódio em biomoléculas de grama preta (*Vigna mungo* L.). As sementes de grama-preta foram tratadas com várias concentrações, *nomeadamente,* controlo, 10, 25, 50, 75, 100 e 150 ppm de NaCl. As plantas bem crescidas foram utilizadas para a análise de vários parâmetros bioquímicos. Foi registado um aumento dos metabolitos, como o açúcar solúvel total e o teor de açúcar redutor, com concentrações crescentes de NaCl.

Mallika (2015) referiu que as doses aplicadas de concentrações de sal causaram stress nas plantas jovens de ervilha-de-angola e alterações nos parâmetros bioquímicos, como o açúcar solúvel total. O açúcar solúvel total tem um efeito positivo devido ao stress provocado pela salinidade na ervilha-de-angola.

Das *et al.* (2016) examinaram a regulação do crescimento, dos antioxidantes e do metabolismo do açúcar em plântulas de arroz (*Oryza sativa* L.) pelo NaCl e a sua reversão pelo silício e relataram que os teores de açúcar redutor em plântulas de arroz tratadas com NaCl aumentaram em relação ao controlo da água. Em média, foram registados aumentos de cerca de 17 % nos rebentos e de 37 % nas raízes. A co-aplicação de silício com NaCl alterou o nível de açúcar redutor presente nas amostras de raízes e rebentos em relação ao tratamento com NaCl apenas. Nas raízes, registou-se um aumento médio de cerca de 19 % e, nos rebentos, de cerca de 13 % nos teores de açúcares redutores quando as plântulas foram tratadas com NaCl 50 mM e 100 mM juntamente com silício, tendo diminuído para 13 % no tratamento com NaCl 25 mM e silício.

2.6.5 Teor de clorofila (a, b e total) e carotenóides

Garg e Singla (2004) referiram que o teor de clorofila nas folhas (clorofila a, b e clorofila total) diminuiu significativamente em todas as cultivares de grão-de-bico em resultado do aumento da salinidade, sendo a diminuição maior nos genótipos sensíveis.

Madan *et al.* (2004) referiram que o stress provocado pela salinidade reduziu marginalmente a taxa de fotossíntese e o teor de clorofila nas variedades tolerantes ao sal, mas as variedades sensíveis apresentaram uma maior redução no feijão-frade. Sob a influência da salinidade, os pigmentos fotossintéticos como a clorofila a, b e a clorofila total diminuíram consideravelmente. O stress salino teve efeitos tóxicos nas plantas e provocou alterações metabólicas, como a diminuição da fotossíntese, o que levou a um aumento da produção de espécies reactivas de oxigénio (ROS).

Mali e Aery (2009) estudaram o efeito do silício no crescimento, nos constituintes bioquímicos e na nutrição mineral do feijão-frade e examinaram o efeito de diferentes concentrações (50, 100, 200, 400 e 800 mg.kg^{-1}) de silício (Si) adicionado ao solo no desempenho do crescimento, nos constituintes bioquímicos e no estado nutricional do feijão-frade [*Vigna unguiculata* (L.) Walp]. Aplicações mais baixas de Si resultaram num aumento da clorofila.

Panda e Khan (2009) observaram o crescimento, os danos oxidativos e as respostas antioxidantes em grama verde sob diferentes tensões de salinidade de NaCl (0, 50, 100, 150 mML^{-1}) durante 24 horas e recuperação pós-NaCl após 24 horas no crescimento, relações hídricas, composição iónica, prolina e antioxidantes de raízes, caule e folhas de *Vigna radiata* com 12 dias de idade. Os pigmentos de clorofila e carotenóides diminuíram significativamente nas folhas de *Vigna radiata*.

Taffouo *et al.* (2009) também observaram que a salinidade diminuiu o teor de clorofila das folhas de grama-preta.

Gobinathan *et al.* (2011) revelaram que o efeito do cloreto de sódio e do cloreto de cálcio no metabolismo da prolina de *Pennisetum glaucum* (L.). As plantas foram tratadas com soluções de 100 mM NaCl, 5 mM $CaCl_2$, 100 mM NaCl com 5 mM CaCl2. Foi utilizada água subterrânea para a irrigação das plantas de controlo. As plantas foram colhidas aleatoriamente aos 30 e 50 dias após a sementeira (DAS). As plantas stressadas com NaCl e CaCl2 mostraram uma diminuição da clorofila 'a', 'b', da clorofila total e do teor de carotenóides, bem como da atividade da prolina oxidase e um aumento da atividade dos aminoácidos e do teor de prolina quando comparadas com o controlo. As plantas tratadas com NaCl e CaCl2 aumentaram a clorofila 'a', 'b', o teor total de clorofila e a atividade da prolina oxidase e diminuíram a atividade do teor de aminoácidos e prolina em todas as partes de *Pennisetum glaucum* (L.) quando comparadas com as plantas tratadas com NaCl.

Roychoudhury *et al.* (2013) observaram que o teor de clorofila nas folhas diminuiu com o stress de NaCl, em relação ao controlo, as reduções no teor de clorofila foram de 26 % a 150 mM NaCl, 38 % a 200 mM NaCl e 48 % a 250 mM NaCl. A 100 mM de NaCl, verificou-se apenas uma redução de 4 % no teor de clorofila em relação ao controlo no feijão-mungo.

Ghosh *et al.* (2014) referiram que o teor de clorofila diminuiu significativamente com o aumento das concentrações de NaCl. As concentrações elevadas de sal induzem um crescimento atrofiado e a perda do teor de clorofila nas plantas de feijão-mungo cultivadas sob stress de salinidade.

Kaur *et al.* (2014) observaram que o stress salino (20 e 30 mM NaCl) diminuiu o teor total de clorofila em genótipos de grão-de-bico. Observou-se que o stress salino (30 mM NaCl) causou uma redução superior a 50 % no teor de clorofila em ICC15868 e GL26054 na fase de iniciação das vagens.

Kazemi (2013) estudou o efeito do ácido giberélico e da pulverização de nitrato de potássio no crescimento vegetativo e nas características reprodutivas do tomateiro e verificou que a clorofila não foi afetada pela aplicação de GA3 isoladamente ou em combinação, mas a aplicação de K isoladamente diminuiu significativamente a podridão da extremidade da flor e aumentou o teor de clorofila.

Sangeetha e Subramani (2014) estudaram as alterações induzidas pelo stress de cloreto de sódio em biomoléculas de grama preta (*Vigna mungo* L.). As sementes de grama-preta foram tratadas com várias concentrações, *nomeadamente,* controlo, 10, 25, 50, 75, 100 e 150 ppm de NaCl. As plantas bem crescidas foram utilizadas para a análise de vários parâmetros bioquímicos. Verificou-se que os pigmentos fotossintéticos como a clorofila a, b, total e carotenóides diminuíram com o aumento da concentração do tratamento com NaCl. Esta investigação demonstrou que a diminuição dos parâmetros de crescimento e dos pigmentos fotossintéticos se deveu ao baixo potencial osmótico a nível intracelular gerado pelo stress do NaCl.

Chakraborty *et al.* (2015) estudaram as respostas bioquímicas e fisiológicas de cultivares de amendoim (*Arachis hypogaea* L.) ao stress por défice hídrico. A partir de um experimento de campo, as mudanças no estresse oxidativo e nas atividades das enzimas antioxidantes foram estudadas em seis cultivares espanholas de amendoim submetidas a 25-30 dias de estresse por déficit hídrico em dois estágios diferentes: estágios de desenvolvimento de vagens e de pegging. A imposição do stress por défice hídrico reduziu significativamente o teor relativo de água, a estabilidade das membranas e o teor total de carotenóides em todas as cultivares. A relação entre diferentes parâmetros fisiológicos mostrou que o nível de stress oxidativo, em termos de produção de espécies reactivas de oxigénio, estava negativamente correlacionado com as actividades de diferentes enzimas antioxidantes, como a superóxido dismutase, a catalase, a peroxidase, a ascorbato peroxidase e a glutationa redutase.

Khazeh *et al.* (2015) estudaram o efeito do ácido giberélico foliar em alguns traços fisiológicos e na montagem de pigmentos em *Vigna radiata* L. e relataram que o nível de clorofila total, a, b e carotenoide foi aumentado.

Sehrawat *et al.* (2015) observaram o efeito do stress da salinidade no feijão-mungo durante as estações consecutivas do verão e da primavera. O efeito do stress salino em duas variedades populares de feijão-mungo (Pusavishal e Pusaratna) foi comparado durante as estações do verão e da primavera. A experiência foi realizada em dois níveis de stress de salinidade (50 mM e 75 mM NaCl). Foram observadas variações significativas e adaptabilidade entre plantas stressadas e não stressadas em ambas as variedades. A variedade tolerante Pusavishal apresentou uma menor redução nos teores totais de clorofila e carotenóides, na taxa de fotossíntese, no número de vagens por planta e no rendimento de grãos a um nível elevado de salinidade.

Chakraborty *et al.* (2016) revelaram que o papel benéfico do potássio (K) na tolerância do amendoim à salinidade. Foi realizada uma experiência de campo utilizando duas cultivares diferentemente responsivas ao sal e três níveis de tratamento de salinidade (controlo, 2,0 dSm^{-1} e 4,0 dSm^{-1}) juntamente com dois níveis (com e sem) de fertilizante de potássio (0 e 30 kg K2O ha^{-1}). O resultado revelou que a aplicação de potássio melhorou as propriedades fisiológicas e bioquímicas do amendoim. O conteúdo relativo de água (RWC) nas folhas das plantas tratadas com salinidade mostrou uma redução significativa. O tratamento com salinidade, particularmente a um nível mais elevado, resultou numa redução significativa da taxa de fotossíntese líquida e do teor de clorofila. O conteúdo de prolina livre mostrou um aumento pronunciado em resposta ao stress salino. No entanto, com a aplicação de K^{+} houve uma melhoria significativa na RWC das folhas, na taxa de fotossíntese líquida, no teor de clorofila e na redução do teor de prolina livre.

Jesus *et al.* (2017) estudaram que o silício reduz o acúmulo de alumínio e mitiga os efeitos tóxicos em plantas de feijão-caupi e relataram que as plantas expostas à toxicidade do Al. Si (2,50 mM) mostrou aumentos em Chl a, Chl b, Chl total e CAR, em comparação com o controlo com 10 mM Al.

Baliah *et al.* (2018) concluíram que o efeito do ácido giberélico (GA3) foi estudado tanto no crescimento como nas características bioquímicas da grama verde (*Vigna radiata* L.). Os resultados indicaram que a aplicação foliar de GA3 aumentou os caracteres de crescimento, como o comprimento do rebento, o comprimento da raiz, o peso fresco e o peso seco da grama verde. Os resultados indicaram que os caracteres de crescimento foram atingidos ao máximo com 50 ppm de GA3 e a mesma tendência foi observada também nos caracteres bioquímicos. Os caracteres bioquímicos como a clorofila total, a proteína, os aminoácidos, a glucose e a atividade NR aumentaram com o aumento da concentração de GA3 (50 ppm).

2.6.6 Prolina e glicina-betaína

Sharma *et al.* (1990) observaram que a acumulação de aminoácidos, em particular a prolina, aumentava com o aumento dos níveis de salinidade.

Soussi *et al.* (1998) observaram os efeitos do stress salino no crescimento, na fotossíntese e na fixação de azoto no grão-de-bico (*Cicer arietinum*). As plantas de grão-de-bico foram cultivadas numa câmara ambiental controlada e foi-lhes administrado sal (0, 50, 75 e 100 mM NaCl) durante o período vegetativo. O crescimento das plantas foi afetado apenas pela concentração mais elevada de NaCl. A diminuição do crescimento revelou-se significativa apenas com a dose mais elevada de sal. No estudo, o conteúdo de prolina aumentou no grão-de-bico.

Girija *et al.* (2001) concluíram que o amendoim (*Arachis hypogaea* L.), quando exposto ao stress da salinidade, produz os osmóticos, ou seja, prolina e glicina betaína. Os iões de cálcio também desempenham um papel na osmoprotecção. Durante a germinação de sementes de amendoim sujeitas a stress por salinidade de NaCl, as concentrações de prolina e glicina betaína no eixo embrionário aumentaram continuamente. Foi observado um aumento adicional na concentração de glicina betaína com a adição de cloreto de cálcio ao cloreto de sódio. Os efeitos do sódio e do cálcio são, portanto, aditivos na acumulação de glicina betaína e prolina.

Madhurendra e Prasad (2007) observaram que o stress salino (0,0, 4,0, 8,0 e 12,0 dSm^{-1}) em genótipos de grão-de-bico diminuiu o teor de açúcar total, de açúcar redutor e de açúcar não redutor, mas aumentou o teor de amido e de prolina. A prolina exógena aplicada com o stress salino reduziu o efeito adverso do stress salino.

Krishnan e Kumari (2008) estudaram o efeito do crescimento de plantas de soja sujeitas a stress salino. As sementes foram propagadas no solo suplementado com 10, 15, 20, 25 e 30 mM de NaCl. Foi observada uma redução moderada do crescimento das plantas no tratamento com 20 mM de NaCl em comparação com outras concentrações de NaCl. A acumulação de prolina aumentou em situações de stress salino. O presente estudo provou efetivamente que o N-triacontanol foi capaz de restaurar o processo metabólico normal na soja submetida a stress salino.

Jaleel *et al.* (2009) estudaram o efeito da planta de grama-preta [*Vigna mungo* (L.) Hepper] sob stress de NaCl. As sementes foram semeadas em vasos de plástico e irrigadas com água subterrânea até 35 dias após a sementeira (DAS) até à capacidade de campo. Posteriormente, as plantas foram irrigadas com água subterrânea como controlo e as outras foram tratadas com NaCl 100 mM, NaCl 100 mM. As amostras foram recolhidas aleatoriamente aos 40 e 80 DAS. O tratamento com salinidade diminuiu o teor de proteínas e aumentou a prolina na grama negra em comparação com o controlo.

Panda e Khan (2009) observaram o crescimento, os danos oxidativos e as respostas antioxidantes em greengram sob diferentes stresses de salinidade de NaCl (0, 50, 100, 150 mML^{-1}) durante 24 horas e recuperação pós-NaCl após 24 horas no crescimento, relações hídricas, composição iónica, prolina e antioxidantes de raízes, caule e folhas de *Vigna radiata* com 12 dias de idade. O teor de prolina aumentou significativamente, sem alterações significativas no teor de glutatião em raízes, caule e folhas sujeitos a stress. A melhoria do estado hídrico da planta, as actividades de alguns dos antioxidantes nas partes recuperadas sugerem que as diferenças significativas nos tecidos em resposta ao stress salino em *Vigna radiata* estão intimamente relacionadas com as diferenças nas actividades dos antioxidantes, iões e teor de prolina.

Patel *et al.* (2010) examinaram o impacto do stress salino na absorção de nutrientes e no crescimento do feijão-frade e relataram o impacto do stress salino na germinação das sementes, nos parâmetros de crescimento das plantas e na acumulação de iões nas folhas de três cultivares indianas de feijão-frade [*Vigna unguiculata* (L.) Walp]: Akshay-102, Gomti vu-89 e Pusa Falguni. A condutividade eléctrica (CE) do solo era de 0,75 dSm^{-1} e os tratamentos com NaCl aumentaram-na para 2, 4, 6, 8 e 10 dSm^{-1} . A salinidade induziu um aumento significativo nas concentrações de Na^{+} , Cl^{-} e prolina, enquanto reduziu a acumulação de K$^+$ e Ca^{+2} nas folhas de todas as cultivares.

Salwa *et al.* (2010) realizaram uma experiência de campo durante as sucessivas épocas de crescimento (verão, 2008 e 2009) na zona da planície de El-Tina, Egipto, para estudar a tolerância à salinidade de duas cultivares de amendoim, nomeadamente Gregory e Giza 6. Os níveis de salinidade dos três solos utilizados foram 7,55, 9,20 e 12,5 dSm^{-1} . Os resultados revelaram que, com o aumento dos níveis de salinidade, o crescimento, o teor total de água, o teor de água livre, o teor relativo de água, o potencial hídrico da folha, os pigmentos fotossintéticos, os hidratos de carbono totais e os hidratos de carbono não solúveis diminuem significativamente. O aumento significativo dos açúcares solúveis totais, do défice hídrico da folha, do teor de água ligada, da integridade da membrana, das concentrações de prolina e de aminoácidos livres totais e da atividade enzimática resulta do aumento das condições de stress salino. A variedade Gregory teve o melhor crescimento e rendimento, e também foi mais estável na sua componente fisiológica e química sob condições de stress salino em comparação com a variedade Giza 6.

Gobinathan *et al.* (2011) revelaram que o efeito do cloreto de sódio e do cloreto de cálcio no metabolismo da prolina de *Pennisetum glaucum* (L.). As plantas foram tratadas com soluções de 100 mM NaCl, 5 mM CaCl2, 100 mM NaCl com 5 mM CaCl2. Foi utilizada água subterrânea para a irrigação das plantas de controlo. As plantas foram colhidas aleatoriamente aos 30 e 50 dias após a sementeira (DAS). As plantas stressadas com NaCl e CaCl2 mostraram uma diminuição do teor de clorofila 'a', 'b', clorofila total e carotenóides, bem como da atividade da prolina oxidase e um aumento da atividade dos aminoácidos e do teor de prolina quando comparadas com o controlo. As plantas tratadas com NaCl e CaCl2 aumentaram a clorofila 'a', 'b', o teor total de clorofila e a atividade da prolina oxidase e diminuíram a atividade do teor de aminoácidos e prolina em todas as partes de *Pennisetum glaucum* (L.) quando comparadas com as plantas tratadas com NaCl.

Imami *et al.* (2011) relataram o efeito da aplicação foliar e no solo de ácido salicílico em duas cultivares de grão-de-bico do tipo Kabuli, Jam e ILC482, na resistência ao stress por frio. A pulverização do solo aumentou o teor de prolina, mas não houve efeito significativo da aplicação de ácido salicílico como pulverização foliar no teor de prolina.

Nithila *et al.* (2013) estudaram que a salinidade e a sodicidade do solo causam efeitos prejudiciais nas actividades das plantas, que podem alterar o potencial de rendimento das culturas. As presentes investigações foram efectuadas em amendoim em três condições: laboratório, cultura em vaso e campo. No estudo de rastreio em laboratório, dez variedades, *nomeadamente* CO1, CO2, CO3, CO4, TMV2, TMV7, ALR3, VRI 2, JL24 e BSR1, foram sujeitas a três níveis de stress de salinidade, *nomeadamente* 50 mM, 100 mM e 125 mM NaCl, e três níveis de stress de sodicidade, *nomeadamente* 25 mM, 50 mM e 75 mM NaHCO3. Houve nove tratamentos, *nomeadamente*, controlo, CaCl2 1 %, BR 0,5 ppm, BR 1 ppm, SA 50 ppm, SA 100 ppm, KNO3 1 %, DAP 2 %, mistura de nutrientes [DAP (1 %) + KNO3 (0,5 %) + FeSO4 (0,5 %) + Bórax (0,2 %) + NAA (20 ppm) + SA (50 ppm) + BR (1 ppm)]. Estes tratamentos foram aplicados como pulverizações foliares a 25th , 55th e 85th DAS coincidindo com as fases de pré-floração, pegging e formação de vagens. A aplicação da mistura de nutrientes revelou-se eficaz, com uma elevada prolina, taxa de transpiração e resistência difusiva do estoma foram a base fisiológica para a tolerância aos stresses de salinidade e sodicidade.

Shaddad *et al.* (2013) examinaram o papel do ácido giberélico (GA3) na melhoria da tolerância ao stress salino de duas cultivares de trigo para avaliar o trigo *cv.* Sohag 3 foi a mais sensível à salinidade, enquanto *a cv.* Giza 168 foi a mais tolerante, o teor de prolina aumentou significativamente com o stress salino nos diferentes órgãos das duas cultivares de trigo, exceto no caule da Giza 168. A concentração de prolina na raiz, caule e folha de ambas as cultivares aumentou significativamente com o aumento da salinidade no solo.

Ghosh *et al.* (2014) observaram estudos físico-químicos do cloreto de sódio no feijão-mungo [*Vigna radiata* (L.)*Wilczek*]. As respostas fisiológicas e bioquímicas ao aumento das concentrações de NaCl foram estudadas em mudas de feijão-mungo. Nas plântulas testadas, os marcadores de estresse oxidativo, como os conteúdos de prolina e peróxido de hidrogênio (H_2O_2), também aumentaram como resultado do aumento progressivo do estresse salino.

Kaur *et al.* (2014) observaram alterações fisiológicas e bioquímicas induzidas pela salinidade em genótipos de grão-de-bico (*Cicer arietinum* L.). Os genótipos de grão-de-bico desi (ICC8950, ICCV10, ICC15868, GL26054) e kabuli (BG1053, L550, L552) foram avaliados quanto à tolerância à salinidade. O teor de prolina aumentou até à fase de iniciação da flor. O teor de prolina foi máximo em BG1053 (2,79 mg.g^{-1} DW), L550 (2,60 mg.g^{-1} DW), ICC8950 (2,67 mg.g^{-1} DW) e ICCV10 (2,70 mg.g^{-1} DW). O stress salino a 20 e 30 mM NaCl, aumentou o conteúdo de prolina em BG1053 (4,23, 4,78 mg.g^{-1} DW), L550 (3,80, 4,25 mg.g^{-1} DW), ICC8950 (4,14, 4,67 mg.g^{-1} DW), ICCV10 (4,13, 4,56 mg.g^{-1} DW) respetivamente.

Sangeetha e Subramani (2014) estudaram as alterações induzidas pelo stress de cloreto de sódio em biomoléculas de grama preta (*Vigna mungo* L.). As sementes de grama-preta foram tratadas com várias concentrações, *nomeadamente,* controlo, 10, 25, 50, 75, 100 e 150 ppm de NaCl. As plantas bem crescidas foram utilizadas para a análise de vários parâmetros bioquímicos. Enquanto os metabolitos, como o teor de prolina, aumentaram com o aumento das concentrações de NaCl.

Musa *et al.* (2015) relataram respostas antioxidantes de mudas de amendoim (*Arachis hypogaea* L.) ao estresse prolongado induzido por sal. O tratamento com NaCl foi investigado em duas cultivares de amendoim. O parâmetro de crescimento, mudanças nas concentrações de prolina, foi determinado sob estresse por salinidade. O nível de prolina parece ser o único componente que desempenha um papel importante na proteção contra o stress salino.

Sunitha *et al.* (2015) concluíram que o stress por seca é um dos stresses abióticos importantes que podem limitar o crescimento e o rendimento das culturas, alterando vários processos fisiológicos e bioquímicos. O amendoim (*Arachis hypogaea* L.) é uma importante cultura comercial de sementes oleaginosas e pode ser afetado por períodos de seca durante fases fenológicas críticas. Foi realizado um ensaio de campo com seis genótipos - JL-24, ICGV 91114, Narayani, Abhaya, Dharani e Greeshma - a fim de identificar a variabilidade genotípica nas alterações fisiológicas e bioquímicas desencadeadas durante o stress hídrico. Os resultados revelaram que a redução da eficiência da utilização da água, o índice de estabilidade da membrana e a maior acumulação de prolina, FAA e proteínas solúveis totais com melhores potenciais de rendimento provaram ser tolerantes ao stress de seca.

Kahlaoui *et al.* (2016) examinaram as respostas fisiológicas e bioquímicas à aplicação exógena de prolina em plantas de tomate irrigadas com água salina. Foram detetados aumentos significativamente maiores na prolina em ambas as cultivares de tomate quando irrigadas com água salina (6,57 dSm^{-1}) e aplicadas exogenamente pela menor concentração de prolina. Os resultados mostraram que a pulverização foliar de baixa concentração de prolina pode aumentar a tolerância de ambas as cultivares de tomate à salinidade em condições de campo.

Pal *et al.* (2017a) realizaram uma experiência laboratorial para avaliar 26 genótipos de amendoim quanto à tolerância ao sal, bem como para avaliar a base fisiológica da tolerância ao sal. Os resultados mostraram que a extensão da redução do teor de açúcar nos cinco genótipos tolerantes variou de 2,70-49,82 % em relação ao controlo, enquanto foi de 51,83-70,32 % para os quatro genótipos susceptíveis. O aumento do teor de prolina nas folhas em relação ao controlo registado nos genótipos tolerantes e susceptíveis é de 531,52-780,16 % e 76,14-449,43 %, respetivamente. O grau de aumento do teor de proteínas nos genótipos tolerantes variou entre 34,25 e 144,01 % em relação ao controlo.

2.10EFEITO DA SALINIDADE, DO ÁCIDO GIBERÉLICO, DO NITRATO DE POTÁSSIO E DO ÁCIDO SILÍCICO NAS ACTIVIDADES DAS ENZIMAS OXIDATIVAS

Singh (2004) concluiu que a fisiologia da tolerância ao sal no grão-de-bico (*Cicer arietinum*) é baixa. Assim, após a seleção de um grande número de genótipos, dois genótipos de grão-de-bico tolerantes (SG-11 & DHG-84-11) e dois susceptíveis (Pusa-256 & Phule G-5) foram germinados em caixas de germinação esterilizadas sob diferentes níveis de stress salino (NaCl : CaCl2 : Na2SO4), *a saber*, 0,0 (controlo), 4,0 e 8,0 dSm^{-1} , a fim de investigar a base fisiológica da tolerância ao sal. No stress de salinidade máxima, verificou-se comparativamente uma maior acumulação de açúcar, proteína, prolina e fenol nos genótipos tolerantes, juntamente com actividades mais elevadas de amilase, peroxidase, catalase e protease mais baixas.

Neto *et al.* (2005) examinaram o efeito do stress salino sobre as enzimas antioxidativas e a peroxidação lipídica em folhas e raízes de genótipos de milho tolerantes e sensíveis ao sal. O aumento das actividades enzimáticas foi mais pronunciado no genótipo tolerante ao sal do que no genótipo sensível ao sal. O stress salino não teve um efeito significativo na atividade da catalase (CAT) no genótipo tolerante ao sal, mas esta foi significativamente reduzida no genótipo sensível ao sal. Nas raízes do genótipo tolerante ao sal, as actividades da superóxido dismutase e da catalase. Nas raízes do genótipo sensível ao sal, a salinidade reduziu a atividade de todas as enzimas estudadas. Os dados mostram que as enzimas catalase tiveram a maior atividade de eliminação de H2O2 tanto nas folhas como nas raízes.

Eyidogan e Tufan (2007) estudaram o efeito da salinidade nas respostas antioxidantes das plântulas de grão-de-bico, as alterações na atividade das enzimas antioxidantes, como a peroxidase, a catalase e a glutationa redutase. As plantas foram submetidas a tratamentos com 0,1, 0,2 e 0,5 M de NaCl durante 2 e 4 dias. A atividade da catalase aumentou significativamente sob stress de 0,5 M de NaCl no tecido radicular, enquanto a sua atividade diminuiu no tecido foliar sob stress de 0,5 M de NaCl durante 4 dias. Os resultados sugerem que as actividades da catalase desempenham um papel protetor essencial contra o stress salino nas plântulas de grão-de-bico.

Jaleel *et al.* (2009) estudaram os efeitos de plantas de grama-preta [*Vigna mungo* (L) Hepper] sob stress de NaCl. As sementes foram semeadas em vasos de plástico e irrigadas com água subterrânea até 35 dias após a sementeira (DAS) até à capacidade de campo. Posteriormente, as plantas foram irrigadas com água subterrânea como controlo e as outras foram tratadas com 100 mM NaCl, 100 mM NaCl 20 mgL^{-1} . As amostras foram recolhidas aleatoriamente aos 40 e 80 DAS. O tratamento com salinidade diminuiu o teor de proteínas e aumentou as actividades de aminoácidos, prolina, glicina betaína (GB) e catalase (CAT) na grama preta em comparação com o controlo.

Erdal *et al.* (2011) observaram que o aumento das actividades enzimáticas foi mais pronunciado no genótipo de trigo tolerante ao sal do que no genótipo sensível ao sal. O stress salino não teve um efeito significativo na atividade da catalase (CAT) no tolerante ao sal, mas foi significativamente reduzida no genótipo sensível ao sal. Durante os tratamentos com NaCl, a atividade da CAT foi inibida por níveis de NaCl de 80 e 120 mM nas folhas de trigo. Estatisticamente, a inibição mais significativa foi registada na aplicação de 120 mM de NaCl. Roychoudhury *et al.* (2013) relataram que as actividades das enzimas antioxidantes, catalase (CAT), aumentaram progressivamente com o aumento das concentrações de NaCl nas folhas de feijão-mungo. O aumento das actividades antioxidantes pode ser uma resposta aos danos celulares induzidos pelos factores de stress. As actividades da catalase para eliminar as ROS, ajudando as plântulas a manter a sua manutenção à custa do seu crescimento normal.

Ghosh *et al.* (2014) observaram estudos físico-químicos do cloreto de sódio no feijão-mungo [*Vigna radiata* (L.) *Wilczek*]. As respostas fisiológicas e bioquímicas ao aumento das concentrações de NaCl foram estudadas em mudas de feijão-mungo. As actividades das enzimas antioxidantes catalase (CAT) aumentaram significativamente em relação ao controlo da água. A toxicidade do sal influencia respostas bioquímicas complexas e vários mecanismos de defesa, incluindo a produção de antioxidantes enzimáticos e não enzimáticos, que desintoxicam as ROS que ocorrem rapidamente nas plantas devido ao aumento da concentração de sal. O aumento da atividade de muitas das enzimas antioxidantes nas plantas combate o stress oxidativo induzido pelo stress da salinidade e por várias pressões ambientais. Concentrações elevadas de sal induzem um crescimento atrofiado, bem como danos oxidativos, alterando a maquinaria antioxidante.

Chakraborty *et al.* (2015) estudaram as respostas bioquímicas e fisiológicas de cultivares de amendoim (*Arachis hypogaea* L.) ao stress por défice hídrico. A partir de um experimento de campo, as mudanças no estresse oxidativo e nas atividades das enzimas antioxidantes foram estudadas em seis cultivares espanholas de amendoim submetidas a 25-30 dias de estresse por déficit hídrico em dois estágios diferentes: estágios de desenvolvimento de vagens e de pegging. A imposição do stress por défice hídrico reduziu significativamente o teor relativo de água, a estabilidade das membranas e o teor total de carotenóides em todas as cultivares. A relação entre diferentes parâmetros fisiológicos mostrou que o nível de stress oxidativo, em termos de produção de espécies reactivas de oxigénio, estava negativamente correlacionado com as actividades de diferentes enzimas antioxidantes, como a superóxido dismutase, a catalase, a peroxidase, a ascorbato peroxidase e a glutationa redutase.

Pal *et al.* (2017b) concluíram que as sementes preparadas apresentaram uma melhoria significativa na velocidade de germinação e no crescimento do eixo embrionário em relação às não preparadas sob tratamento de salinidade. Os tratamentos de priming também mostraram uma maior acumulação de prolina, juntamente com atividades mais elevadas de enzimas antioxidantes GPOX e CAT e níveis atenuados de peroxidação lipídica no eixo embrionário, o que pode contribuir para a regulação osmótica e mitigação do stress oxidativo sob stress de salinidade durante a germinação de sementes. Entre todos os agentes de preparação, GA3 50 ppm, manitol 2,5 % e NaCl 50 mM produziram resultados encorajadores.

Shinde *et al.* (2017) concluíram que o stress hídrico induziu a acumulação de prolina e de enzimas antioxidativas no amendoim (*Arachis hypogaea* L.). Plântulas cultivadas durante trinta dias de oito genótipos de amendoim *viz*, RHRG-6083, TAG-24, TG-60(LC), Karad-4-11, SB-XI, RHRG-6097, RHRG-6021, e RHRG-6055 foram submetidas a stress hídrico por retenção de rega durante 15 dias numa experiência de cultura em vaso, a fim de avaliar o seu efeito na RWC, acumulação de prolina, proteínas solúveis, teor de clorofila e actividades da superóxido dismutase (SOD), peroxidase (POX), glutatião redutase (GR) e peroxidação lipídica (MDA). Verificou-se que os níveis de prolina, proteínas solúveis e a atividade das quatro enzimas antioxidantes aumentaram com o teor de MDA em todos os genótipos de amendoim durante o stress hídrico, mas o teor de clorofila e RWC diminuiu. Este estudo revelou que, em condições de stress hídrico, o SB-XI, o TAG-24 e o RHRG-6021 apresentaram um maior aumento do teor de prolina e das actividades das enzimas antioxidativas, com uma menor redução da RWC e da clorofila. Estes três genótipos são estáveis durante o stress e parecem ser promissores para a tolerância à seca.

Mohan e Shashidharan (2018) estudaram o efeito do stress salino no amendoim, as plantas foram cultivadas em condições *in vitro* e *in vivo sob* stress salino. Foram analisados alguns parâmetros bioquímicos em ambas as condições. Verificou-se que houve um aumento nos parâmetros bioquímicos como compostos fenólicos, peróxido de hidrogénio, enzima peroxidase e proteínas nas plantas tratadas com sal.

CAPÍTULO - III

MATERIAIS E MÉTODOS

O presente estudo sobre o "Efeito do ácido giberélico, do nitrato de potássio e do ácido silícico nas alterações bioquímicas das plântulas de amendoim (*Arachis hypogaea* L.) irrigadas com água salina" foi realizado no Departamento de Bioquímica da Universidade Agrícola de Junagadh, Junagadh. Os materiais utilizados e as técnicas adoptadas durante a presente investigação são descritos a seguir.

3.1 SÍTIO EXPERIMENTAL

A experiência em estufa foi realizada durante a *Kharif* - 2018 no Laboratório de Testes Alimentares, Universidade Agrícola de Junagadh, Junagadh. Todos os trabalhos de análise bioquímica foram efectuados no laboratório do Departamento de Bioquímica, Faculdade de Agricultura, Universidade Agrícola de Junagadh, Junagadh.

3.2 MATERIAIS EXPERIMENTAIS

3.2.1 Material vegetal

As sementes de amendoim (*Arachis hypogaea* L.) das variedades GG-20 foram obtidas na Main Oilseeds Research Station, Junagadh Agricultural University, Junagadh.

3.2.2 Água salgada

A água salgada foi recolhida na costa de Mangrol e utilizada após uma diluição adequada. A composição da água do mar era a seguinte

Sr. Não.	Particularidades	Composição	Sr. Não	Particularidades	Composição
1	CE	59,9 dSm^{-1}	5	Ca+Mg	114,8 meq/l
2	pH	7.98	6	CO_3	1,4 meq/l
3	Na	839,13 meq/l	7	HCO_3	1,9 meq/l
4	K	4,72 meq/l	8	Cl	540 meq/l

3.3 SOLO

O solo foi recolhido na quinta de Agronomia, Universidade Agrícola de Junagadh, Junagadh. Tinha uma textura calcária e uma reação ligeiramente alcalina, com uma condutividade eléctrica normal. Do ponto de vista da fertilidade, era deficiente em azoto disponível, médio em carbono orgânico e fósforo disponível, e elevado em potássio disponível (Quadro 3.1).

Quadro 3.1 Propriedades físicas e químicas do solo

Particularidades	Valores a diferentes profundidades do solo		Método utilizado
A. Parâmetros físicos	0-15 cm	16-40 cm	
1. Areia (%)	10.85	6.41	Método da pipeta internacional (Piper, 1950)
2. Silte (%)	28.19	52.05	
3. Argila (%)	60.96	41.54	
B. Determinações químicas			
1. C. O. (%)		0.66	0.57
2. Total N (%)		0.69	0.49
3. Disponível P O_{25} (Kgha)$^{-1}$		20.48	19.08
4. K disponível$_2$ O (Kgha)$^{-1}$		320	303

5. pH do solo (1:2,5 água do solo)	7.88	7.88
6. Condutividade eléctrica (mmhoscm^{-1} a 25)^{oC}	0.23	0.22

3.4 CONDIÇÕES CLIMATÉRICAS E METEOROLÓGICAS

Junagadh está situada a 21,50 de altitude norte e 70,50 de longitude leste, com uma altitude de 60 metros acima do nível médio do mar. Esta região beneficia de um clima subtropical. Em geral, a monção é quente e moderadamente húmida. A precipitação anual varia entre 800 e 900 mm em anos normais e ultrapassa os 1000 mm em anos húmidos. O inverno é frio e seco. A monção começa nos meses de junho e prolonga-se até ao final de setembro. Dados meteorológicos registados durante o período de colheita de *Kharif* - 2018.

3.5 ARTIGOS DE VIDRO E ARTIGOS DE POLIETILENO

Os objectos de vidro foram esfregados e lavados cuidadosamente com detergente e, em seguida, lavados com água da torneira seguida de água destilada. Finalmente, os objectos de vidro foram secos numa estufa antes de serem utilizados. Todos os utensílios de polietileno foram cuidadosamente limpos como acima referido e secos ao ar antes de serem utilizados.

3.6 PRODUTOS QUÍMICOS E SOLVENTES

Todos os produtos químicos utilizados para o trabalho bioquímico e molecular nas experiências eram de grau analítico e molecular, obtidos de fabricantes normalizados através de revendedores locais, *nomeadamente* Genei, Merck, Qualigens, Himedia, Loba chemicals, Sisco research lab (SRL), SD fine e Laboratory rasayan.

3.7 PRINCIPAIS INSTRUMENTOS UTILIZADOS NA EXPERIÊNCIA

O equipamento e os instrumentos importantes utilizados no presente estudo são enumerados a seguir:

Balança de pesagem	Cidadão, CX 120
Espectrofotómetro UV	Thermo Scientific
E. C. Contador	Elico
Banho de água quente	Nova
Medidor de pH	Elico
Centrífuga refrigerada	Plasto, Sigma
Forno micro-ondas	Samsung India Ltd., Índia
Microcentrifugadora	Eppendorf
-20°C Congelador	Operon
Forno de ar quente	Nova
Queda do pico	Picodrop (PicoPET01)
Micro-ondas	IFB
Frigorífico	Samsung, Voltas
Sistema de purificação de água	Millipore-Elix, Índia

3.8 PORMENORES DA EXPERIÊNCIA

1	Título da experiência	"Efeito do ácido giberélico, do nitrato de potássio e do ácido silícico nas alterações bioquímicas das plântulas de amendoim (*Arachis hypogaea* L.) irrigadas com água salina"
2	Localização	Departamento de Bioquímica, Faculdade de Agricultura, Universidade Agrícola de Junagadh, Junagadh.
3	Ano e estação da	*Kharif* - 2018 (condição de estufa)

	experiência	
4	**Conceção experimental**	Desenho completamente aleatório (CRD) Fatorial
5	**Número de réplicas**	3
6	**Número de tratamentos**	Fator 1: Dois níveis de salinidade (água de fita e 4 dSm)$^{-1}$ Fator 2: Duas fases de crescimento (30 DAS e 50 DAS) Fator 3: Oito combinações diferentes de tratamentos (T_1 a T)$_8$
7	**Cultura e variedade**	Amendoim; GG 20
8	**Taxa de sementeira**	10 sementes/vaso
9	**Tamanho do pote**	15 kg de terra/vaso
10	**Dose recomendada de fertilizante**	12.5 : 25 : 00, [$N\text{-}P_2O_5\text{-}K_2O_5$] kgha^{-1}

Sr Não.	Tratamentos	Pormenores dos tratamentos	Água de irrigação salina
1	T1	Controlo (sem pulverização)	água da fita e 4 CE
2	T2	Pulverizado com GA_3 @ 100 ppm	água da fita e 4 CE
3	T3	Pulverizado com KNO_3 @ 500 ppm	água da fita e 4 CE
4	T4	Pulverizado com ácido silícico a 50 ppm	água da fita e 4 CE
5	T5	Pulverizado com GA_3 a 100 ppm + KNO_3 @ 500 ppm	água da fita e 4 CE
6	T6	Pulverizado com KNO_3 @ 500 ppm + Ácido silícico a 50 ppm	água da fita e 4 CE
7	T7	Pulverizado com GA_3 a 100 ppm + Ácido silícico a 50 ppm	água da fita e 4 CE
8	T8	Pulverizado com GA3 @ 100 ppm + KNO3 @ 500 ppm + Ácido silícico @ 50 ppm	água da fita e 4 CE

3.8.1 PULVERIZAÇÃO DE ÁCIDO GIBERÉLICO, NITRATO DE POTÁSSIO E ÁCIDO SILÍCICO

A pulverização de ácido giberélico, nitrato de potássio e ácido silícico de concentração adequada foi efectuada vinte e quarenta dias após a germinação do crescimento da cultura. A amostra foi recolhida dez dias após a primeira e a segunda pulverização.

3.8.2 PORMENORES DA AMOSTRAGEM

Data de sementeira	30/07/2018
Data da 1st amostragem (G)$_1$	29/08/2018
Data da 2nd amostragem (G)$_2$	19/09/2018

Os tecidos das folhas foram utilizados para diferentes análises fisiológicas e bioquímicas e para o ensaio de enzimas, de acordo com o programa acima referido.

3.8.3 RECOLHA DE AMOSTRAS

As folhas do amendoim foram colhidas em diferentes estádios (G1 a G2) dez dias após a pulverização com ácido giberélico, nitrato de potássio e ácido silícico (T1 a T8) do vaso irrigado com água salina e embaladas num saco de plástico e levadas para o laboratório em condições de frio. Os materiais experimentais foram limpos, pesados e depois transferidos imediatamente para o respetivo meio para várias análises bioquímicas e fisiológicas.

3.8.4 Métodos experimentais e observações a registar

(A) Parâmetros morfológicos e fisiológicos		
1	Teor relativo de água (RWC)	Weatherley (1962)
2	pH da folha	Johannes *et al.* (2011)
3	Índice de estabilidade da membrana	Sairam *et al.* (1997)
(B) Parâmetros bioquímicos		
1	Fenol total	Bray e Thorpe (1954)
2	Proteína verdadeira	Lowry *et al.* (1951)
3	Aminoácidos livres	Lee e Takahashi (1966)
3	Açúcares solúveis totais	Dubois *et al.* (1956)
5	Reduzir o açúcar	Somogyi (1952)
6	Teor de clorofila (a, b e total)	Arnon (1949)
7	Carotenoide	Seenivasan *et al.* (2012)
8	Prolina	Bates *et al.* (1973)
9	Glicina Betaína	Hendawey (2015)
(C) Ensaio enzimático		
1	Polifenol oxidase (PPO)	Esterbanjador *et al.* (1977)
2	Peroxidase (POX)	Malik e Singh (1980)
3	Catalase	Aebi (1984)

3.8.5 Método experimental
3.8.5.1 PARÂMETROS FISIOLÓGICOS
(1) Teor relativo de água (RWC)

Tomou-se um peso conhecido (gm) de folhas frescas de amendoim e transferiu-se para uma placa de Petri, à qual se adicionaram 25 ml de água destilada e se manteve durante quatro horas. Em seguida, as folhas foram retiradas, secas com papel absorvente e pesadas (peso túrgido). A folha foi mantida na estufa a $84°$ C durante 5 horas e pesada até se obter um peso constante.

Depois disso, a RWC foi estimada de acordo com a fórmula e expressa em percentagem do teor relativo de água (Weatherley, 1962).

$$\text{Teor relativo de água (\%)} = \frac{\text{Fresh weight (g.)} - \text{Dry weight (g.)}}{\text{Turgid weight (g.)} - \text{Dry weight (g.)}} \times 100$$

Peso fresco (g.) - Peso seco (g.)

Peso turgescente (g.) - Peso seco (g.)

(2) pH da folha

Foram retiradas algumas folhas para medir, enrolá-las numa bola apertada e espremer algumas gotas de seiva com uma prensa. Geralmente, as folhas maduras das plantas dão o pH foliar mais exato. O tecido vegetal pode ser medido com um medidor de pH. (Johannes *et al.* 2011)

(3) Índice de estabilidade da membrana (MSI)

Discos de folhas de amendoim (0,5 g) de diâmetro uniforme foram colocados em tubos de ensaio e foram adicionados 10 ml de água destilada em cada um. Os tubos de ensaio foram mantidos a $40°$ C num banho de água durante 30 minutos e a condutividade eléctrica (CE) da amostra foi medida (c_1) utilizando um medidor de condutividade. Em seguida, os tubos de ensaio foram incubados a 100° C num banho de água a ferver durante 15 minutos e a sua condutividade eléctrica foi medida (c_2). O MSI foi calculado utilizando a fórmula dada por (Sairam *et al*. 1997).

$$\text{Índice de Estabilidade da Membrana (MSI)} = 1 - (C_i/C_2) \times 100$$

(4) .5.2 PARÂMETROS BIOQUÍMICOS

(1) Fenóis totais

Foi retirada uma alíquota adequada (0,1 ml) do extrato de metanol preparado para a análise dos fenóis totais e evaporada até à secura num banho de água. Adicionou-se 1 ml de água millipore em cada tubo de ensaio e 0,5 ml do reagente fenólico de Folin Ciocalteu (1:1 com água) e manteve-se durante 3 minutos. Em seguida, adicionou-se 2 ml de carbonato de sódio a 20 % e misturou-se bem. Os tubos foram colocados em água a ferver durante exatamente um minuto e arrefecidos em água gelada. A absorvância foi lida a 650 nm contra um branco de reagente (Bray e Thorpe, 1954). Foi preparado um gráfico padrão utilizando pirocatacol com concentrações entre 10-50 |ig. A quantidade de fenóis presentes na amostra foi calculada utilizando o gráfico padrão acima referido.

(2) Proteína verdadeira

O método de Folin-Lowry (Lowry *et al*. 1951) foi utilizado para estimar o teor de proteínas no sobrenadante dos extractos enzimáticos. Tomou-se uma alíquota adequada (0,2 ml) e fez-se um volume total de 3 ml com água destilada. Para o efeito, adicionaram-se 5,0 ml do reagente C (preparado pela mistura de 50 ml do reagente A com 1 ml do reagente B; A: 2 % de carbonato de sódio em hidróxido de sódio 0,1 N. B: 0,5 % de sulfato de cobre em 1 % de tartarato de sódio e potássio) foi adicionado e misturado corretamente. Após 10 minutos, adicionou-se 0,5 ml do reagente D (D: reagente de Folin Ciocalteau diluído com água destilada na proporção de 1:1), misturou-se bem e manteve-se durante 30 minutos à temperatura ambiente. A absorvância foi medida a 660 nm. O teor de proteínas foi calculado utilizando albumina de soro bovino como padrão. A quantidade de proteína presente na amostra foi calculada através da fórmula apropriada.

(3) Aminoácido livre

O teor de aminoácidos livres foi calculado de acordo com a descrição de Lee e Takahashi (1966). Foram tomadas alíquotas adequadas e o volume foi completado para 1 ml por adição de água destilada. Adicionaram-se 5 ml de reagente de ninidrina (ninidrina a 1 % em tampão citrato 500 mM, glicerol puro e tampão citrato 500 mM, pH 5,5, na proporção de 5:12:2), misturou-se bem e, em seguida, os tubos foram mantidos num banho de água a ferver durante 12 minutos. Depois disso, os tubos foram transferidos para um banho de gelo para arrefecimento imediato. Os tubos foram levados à temperatura ambiente e a absorvância foi medida a 530 nm. O teor de aminoácidos livres foi calculado a partir da curva de referência preparada com glicina (10100 pg) como padrão e expresso de forma adequada.

(4) Açúcar solúvel total

As plântulas (100 mg) foram extraídas com 5 ml de metanol a 80 % e centrifugadas a 3000 rpm durante 10 minutos. A extração foi repetida 4 vezes com metanol a 80 % e os sobrenadantes foram recolhidos em balões volumétricos de 25 ml. O volume final do extrato foi completado para 25 ml com metanol a 80 %. O extrato (0,3 ml) foi pipetado para tubos de ensaio separados e os tubos foram colocados num banho de água a ferver para evaporar o metanol. Adicionou-se a cada tubo de ensaio 1 ml de água millipore e 1 ml de fenol a 5 %. Em seguida, adicionou-se 5 ml de ácido sulfúrico. Deixar arrefecer os tubos em banho de gelo durante 10-15 minutos. A intensidade da cor foi lida a 490 nm no espetrofotómetro. Preparou-se uma curva-padrão com 10 mg de glucose por 100 ml de água destilada, segundo Dubois *et al.* (1956). A quantidade de açúcar solúvel total presente na amostra foi calculada através da fórmula adequada.

(5) Reduzir o açúcar

O açúcar redutor foi estimado utilizando o método de Nelson e Somyogi (Somogyi, 1952). Neste método, pesou-se 1 g de amostra de folha e extraiu-se com 10 ml de metanol a 80 % e centrifugou-se a 3000 rpm durante 10 minutos. A extração foi repetida 4 vezes com metanol a 80 % e os sobrenadantes foram recolhidos em balões volumétricos de 25 ml. O volume final do extrato foi completado para 25 ml com metanol a 80 %. Tomou-se uma alíquota conhecida (0,1 ml) e o volume foi aumentado para 1 ml, adicionando água destilada. Em seguida, adicionou-se a cada tubo 1 ml de reagente alcalino de cobre (reagente alcalino de cobre: 4 g de sulfato de cobre, 24 g de carbonato de sódio, 12 g de tartarato de sódio e potássio, 16 g de bicarbonato de sódio, 180 g de sulfato de sódio anidro dissolvidos em 1000 ml de água destilada). Os tubos foram colocados num banho de água a ferver durante 10 minutos. Em seguida, adicionou-se 1 ml de reagente de arsenomolibdato (reagente de arsenomolibdato: 50 g de molibdato de amónio, 42 ml de ácido sulfúrico concentrado, 6 g de hidrogenocarbonato dissódico misturados em 1000 ml de água destilada) a cada tubo. O volume total foi completado com 10 ml de água destilada. Após 10 minutos, a absorvância foi medida a 620 nm. Foi preparada uma curva padrão utilizando 10 mg de glucose por 100 ml de água destilada. O teor de açúcar redutor foi expresso em percentagem.

(6) Teor de clorofila

As folhas frescas de grama verde pesaram 0,1 gm e foram cortadas em pequenos pedaços e esmagadas em acetona a 80 % refrigerada. A pasta inteira foi filtrada com papel de filtro Whatman n.º 1. Recolheu-se o filtrado e completou-se o volume para 10 ml com acetona a 80 % refrigerada. A absorvância foi medida no espetrofotómetro a 645 nm e 663 nm para a determinação da clorofila total a, b e total, utilizando a seguinte fórmula (Arnon, 1949).

$$\text{Clorofila a (mg. g}^1\text{ tecido fresco)} = \frac{12.7\,(A_{663}) - 2.69\,(A_{645})}{A \times wt \times 1000} \times V$$

$$\text{Clorofila b (mg. g}^1\text{ tecido fresco)} = \frac{22.9\,(A_{645}) - 4.68(A_{663})}{A \times wt \times 1000} \times V$$

$$\text{Clorofila total (mg. g}^1\text{ tecido fresco)} = \frac{20.2\,(A_{645}) + 8.02\,(A_{663})}{A \times wt \times 1000} \times V$$

Em que, A_{663} = Absorvância a 663 nm

A_{645} = Absorvância a 645 nm

A = Comprimento do trajeto da luz na célula (normalmente 10 cm)

V = Volume total de clorofila do extrato em acetona a 80 %.

peso = peso fresco do tecido extraído.

(7) Carotenoide

O teor de carotenóides foi determinado utilizando o mesmo extrato (utilizado para a clorofila) e a absorvância foi registada a 480 nm, (Seenivasan *et al.* 2012). O teor de carotenóides foi calculado utilizando a seguinte fórmula,

Carotenoide $mg.g^{-1}$ = [DO a 480 nm + 0,114 (DO a 663 nm) - 0,638 (DO a 645 nm)] x [V/1000 x W]

Onde, V=Volume final do extrato em Aceton (ml)

W=Peso fresco do tecido extraído (g)

(8) Prolina

O teor de prolina foi estimado utilizando o método indicado por Bates *et al.* (1973). Os tecidos das folhas pesaram 0,1 g e foram triturados em 5 ml de ácido sulfossalicílico a 3 %. Alíquotas do extrato da amostra (0,5-1,0 ml) e da prolina padrão (0,1-0,6 ml de 0,05 mg/ml de stock de prolina) foram recolhidas numa série de tubos de ensaio e o volume foi completado até 1,0 ml com água destilada. Em seguida, adicionaram-se 2 ml de ácido acético glacial e 2 ml de reagente de ninidrina (1,25 g de ninidrina + 30 ml de ácido acético glacial + 8 ml de ácido fosfórico 6 M em 12 ml de água destilada). Em seguida, os tubos foram mantidos num banho de água a ferver durante 1 hora. Os tubos foram arrefecidos em água corrente à temperatura ambiente. Em seguida, adicionou-se 4 ml de tolueno. A absorvância da fase de tolueno foi registada a 520 nm no espetrofotómetro. A prolina livre foi calculada como se indica a seguir e expressa em $_{-1}$ mg.g^{-1}

(9) Glicina betaína

A glicina-betaína foi feita a partir de folhas frescas de acordo com o método de Hendawey (2015). Material de folha finamente moído (0,5 g) foi agitado mecanicamente com 20 ml de água destilada durante 16 horas a 25°C. As amostras foram então filtradas e o filtrado foi armazenado no congelador até à análise. Os extractos descongelados foram diluídos 1:1 com ácido sulfúrico 2 N. Uma alíquota (0,5 ml) foi medida num tubo de ensaio e arrefecida em gelo durante 1 hora. Adicionou-se 0,2 ml de reagente de iodo e iodeto de potássio frio [dissolveu-se iodo (15,7 g) e iodeto de potássio (20 g) em 100 ml de água e manteve-se no frigorífico a 4°C] e misturou-se suavemente com um vórtex. As amostras foram armazenadas entre 0 e 4°C durante 16 horas. Após o termo do período, as amostras foram transferidas para tubos de centrifugação e, em seguida, centrifugadas a 10.000 g durante 15 minutos a 0°C. O sobrenadante foi cuidadosamente aspirado com uma micropipeta de 1 ml. Os cristais de periodite foram dissolvidos em 9 ml de 1,2-dicloroetano. A mistura vigorosa em vórtex foi efectuada para obter uma solubilidade completa no solvente em desenvolvimento. Após 2,0-2,5 horas, mediu-se a absorvância a 365 nm. Foram preparados padrões de referência de glicina-betaína (50-200 $_{pgml}{}^{l}$) em ácido sulfúrico 2 N e a quantidade de glicina-betaína presente na amostra foi calculada através da fórmula adequada.

3.8.5.3 Ensaio enzimático

(1) Polifenol oxidase (PPO) (EC 1.14.18.1)

Pesou-se 0,1 g de tecido foliar e triturou-se em 5 ml de tampão fosfato de sódio 100 mM, pH 6,5. O homogenato foi centrifugado a 10.000 rpm durante 15 minutos a 4°C e o sobrenadante foi utilizado para o ensaio enzimático.

A mistura de reação continha 2,9 ml de catecol (catecol 10 mM em tampão fosfato 10 mM, pH 6,5) e a reação foi iniciada pela adição de 100 pl de extrato enzimático. As alterações de cor devidas ao catecol oxidado foram lidas a 490 nm durante um minuto, com um intervalo de 15 segundos. O ensaio em branco foi efectuado sem substrato. A atividade enzimática foi expressa como AOD.min.$^{-1}$ g.$^{-1}$ Fr.Wt. tissues (Esterbaner *et al.* 1977).

(2) Peroxidase (POX) (EC 1.11.1.7)

O tecido foliar (100 mg) foi homogeneizado num almofariz e pilão previamente arrefecidos com 2 ml de tampão de extração, contendo tampão de fosfato de sódio 50 mM, pH 7,0. Os homogenatos foram centrifugados a 10.000 rpm durante 15 minutos e o sobrenadante foi utilizado para o ensaio de enzimas antioxidantes, *nomeadamente* peroxidase e catalase.

A mistura de reação continha 2,99 ml de H2O2 a 0,03 % em tampão fosfato 0,1 M (pH 6,0) com 0,01 % de corante ortodianisidina (preparado de fresco, dissolvido em metanol). A reação foi iniciada pela adição de 10 pl de extrato enzimático. A mudança de cor do corante oxidado foi lida a 460 nm até 1 minuto, com um intervalo de 15 segundos. O ensaio em branco foi efectuado sem a adição de enzima (Malik e Singh, 1980). A atividade enzimática foi expressa como AOD.min.-1g.-1Fr.Wt.

(3) Catalase (EC 1.11.1.6)

A atividade da catalase foi medida imediatamente em extrato fresco e foi testada conforme descrito por Aebi (1984). Três ml de mistura de reação continham 50 mM de tampão fosfato de sódio (pH 7,0), 18 mM de H_2O_2 e 50 ul de extrato enzimático. A oxidação dependente do peróxido de hidrogénio foi estimada medindo a diminuição da absorvância a 240 nm. A atividade enzimática foi expressa em $AOD.min.^{-1} g.^{-1}$ Fr. Wt.

3.9 Análise estatística

A análise estatística dos dados dos caracteres estudados pelo através do procedimento adequado ao desenho da experiência. A significância da diferença foi testada pelo teste 'F' (Panse e Sukhatme, 1985).

CAPÍTULO - IV

RESULTADOS E DISCUSSÃO

Os resultados e a discussão da presente investigação sobre o "Efeito do ácido giberélico, do nitrato de potássio e do ácido silícico nas alterações bioquímicas das plântulas de amendoim (*Arachis hypogaea* L.) irrigadas com água salina" são apresentados neste capítulo.

4.1 Parâmetros fisiológicos

4.1.1 Teor relativo de água (RWC)

O teor relativo de água da folha é uma medida do seu estado de hidratação em relação à sua capacidade máxima de hidratação em plena turgidez. Fornece uma medida do grau de stress expresso. No presente experimento, os dados sobre o conteúdo relativo de água (%) analisados de folhas de amendoim coletadas de plantas tratadas aos 20 DAS e 40 DAS com diferentes concentrações de ácido giberélico, nitrato de potássio, ácido silícico e suas combinações (T1 a T8) cultivadas em um vaso irrigado com água de fita (s1) e água salina (s2) 4 EC em dois estágios diferentes G1 (30 DAS) e G2 (50 DAS) são apresentados na Fig. 4.1, 4.2 e Tabela 4.1.

O efeito médio do nível de salinidade, independentemente do tratamento com ácido giberélico, nitrato de potássio, ácido silícico e suas combinações e estágios de crescimento, ou seja, antes e depois da pulverização de ácido giberélico, nitrato de potássio, ácido silícico e suas combinações de tratamento, foi considerado estatisticamente significativo para o conteúdo relativo de água (Fig. 4.1 A). Entre os níveis de salinidade, o tratamento S1 irrigado com água normal mostrou a maior quantidade de conteúdo relativo de água (86,26%), enquanto o vaso irrigado com água salina 4 EC (s2) mostrou o menor valor para o conteúdo relativo de água (78,43%). Em comparação com S1, o teor relativo de água diminuiu 9,08 % em s2. Aranda *et al.* (2001) também relataram que a condição de salinidade diminui a absorção de água, sendo esta a possível razão para a diminuição do teor relativo de água em percentagem. A diminuição do teor relativo de água na presente experiência foi baixa, podendo ser o efeito da acumulação de osmólitos como a prolina, a glicina betaína e o açúcar solúvel total. Trivedi (2018) também relatou a mesma tendência para a salinidade do conteúdo relativo de água em culturas de feijão-mungo. Vakharia *et al.* (1997) também relataram a diminuição do RWC da folha de 81,72% para 75,92% no amendoim imposto ao stress abiótico.

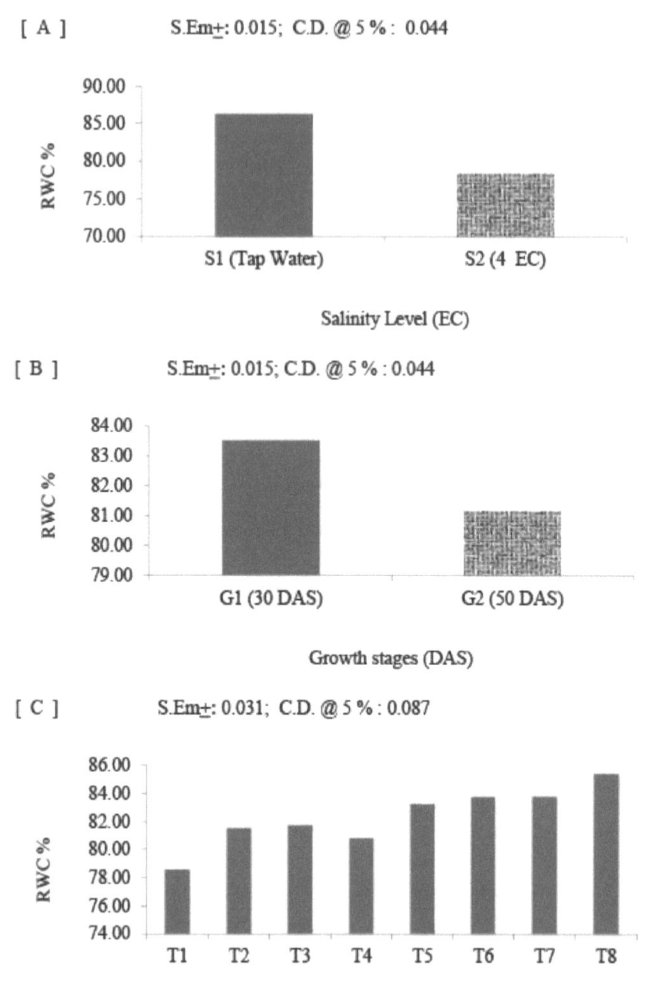

Fig. 4.1: Efeito médio de [A] salinidade (S), [B] estágios de crescimento (G) e [C] tratamentos (T) no conteúdo relativo de água (%) em folhas de amendoim.

36

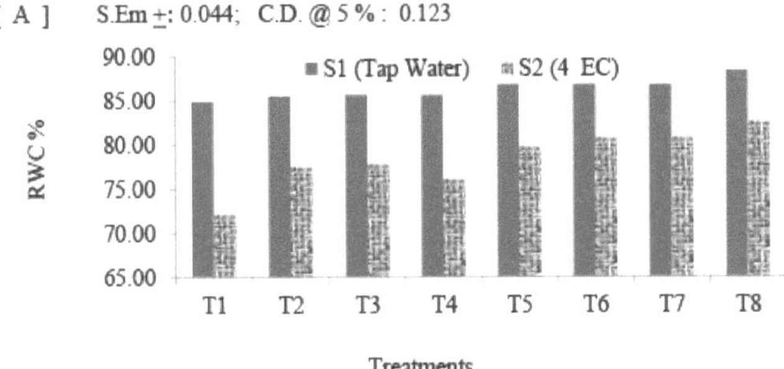

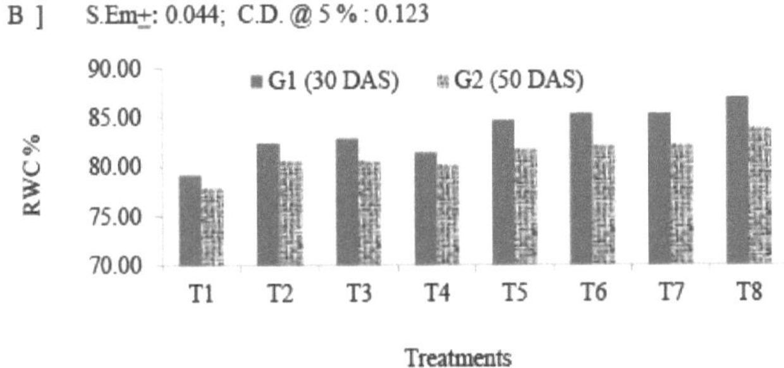

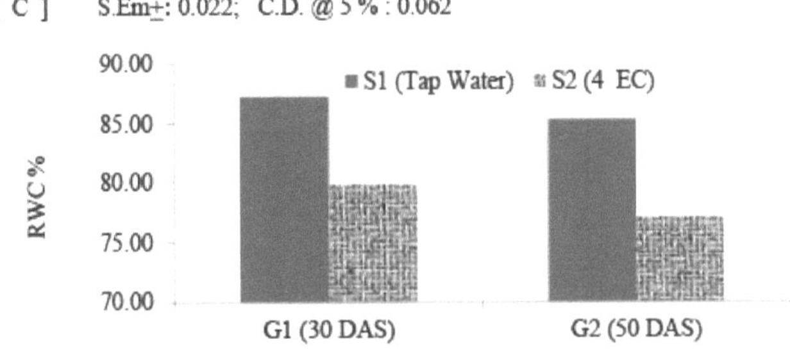

Fig. 4.2: Efeito da interação [A] salinidade (S) X tratamentos (T), [B] estádios de crescimento (G) X tratamentos (T), [C] salinidade (S) X estádios de crescimento (G) no teor relativo de água (%) nas folhas do amendoim.

Entre as diferentes fases, o valor médio do teor relativo de água variou significativamente entre 83,52 % e 81,17 % (Fig. 4.1 B). O conteúdo diminuiu com o aumento do crescimento da cultura de 30 DAS (83,52 %) para 50 DAS (81,17 %).

A imposição de tratamentos de pulverização de ácido giberélico, nitrato de potássio, ácido silícico e a combinação dos mesmos foi estatisticamente significativa (Fig. 4.1 C). O tratamento T8 [GA3 @ 100 ppm + KNO3 @ 500 ppm + ácido silícico @ 50 ppm] causou um aumento acentuado no conteúdo relativo de água nas folhas de amendoim. As folhas obtidas de vasos de amendoim tratados com T8 [GA3 @ 100 ppm + KNO3 @ 500 ppm + ácido silícico @ 50 ppm] revelaram maior quantidade de conteúdo médio de água relativa (85,42%)

e que foi seguido por T7 [GA3 @ 100 ppm + ácido silícico @ 50 ppm (83,77%)] e T6 [KNO3 @ 500 ppm + ácido silícico @ 50 ppm (83,76%)] independentemente do nível de salinidade e estágios de crescimento. O teor médio mais baixo foi observado para os tecidos recebidos de T1 (78,54 %).

O efeito da interação S X T para o teor relativo de água revelou diferenças significativas nas folhas do amendoim (Fig. 4.2 A). O valor mais alto (88,31 %) do conteúdo relativo de água foi observado para o S1T8, ou seja, em plantas irrigadas com água da torneira e tratadas com GA3 @ 100 ppm + KNO3 @ 500 ppm + ácidos silícicos @ 50 ppm. O valor mais baixo (72,19 %) do conteúdo relativo de água foi observado na planta irrigada com água salina 4 EC sob condição de controlo (S2T1). Em geral, o stress salino diminuiu o teor relativo de água, que foi mantido por diferentes tratamentos de GA3, KNO3 e ácido silícico. Tuna *et al.* (2007) também observaram que o teor relativo de água (RWC) diminui com a aplicação de sal em comparação com o tratamento de controlo, mas a aplicação de GA3 aumentou-o moderadamente ou manteve-se estável.

O efeito de interação de G X T para o conteúdo relativo de água mostrou diferenças significativas para o conteúdo relativo de água no amendoim (Fig. 4.2 B). O valor mais alto de conteúdo relativo de água foi observado em G1T8, ou seja, em plantas tratadas com GA3 @ 100 ppm + KNO3 @ 500 ppm + ácido silícico @ 50 ppm após 30 DAS (86,96 %). O valor mais baixo do conteúdo relativo de água foi observado para G2T1, ou seja, a planta estava na condição de controlo após 50 DAS (77,90 %). No entanto, em geral, o tratamento com ácido giberélico e nitrato de potássio melhorou o conteúdo relativo de água (%) nas folhas do amendoim.

O efeito de interação de S X G para o conteúdo relativo de água revelou diferenças significativas no tecido foliar do amendoim (Fig. 4.2 C). O valor mais elevado do teor relativo de água foi observado em S1G1, ou seja, na planta irrigada com água da torneira (condição de controlo) após

30 DAS (87,23 %). O valor mais baixo do teor relativo de água foi observado para S2G2 (77,04 %).

Tabela 4.1: Efeito de interação das combinações de salinidade [S], estádios de crescimento [G] e tratamento [T] no teor relativo de água (%) nas folhas do amendoim.

Tratamento	G1 (30 DAS)		G2 (50 DAS)		Média
	S1 (Água da torneira)	S2 (4 CE)	S1 (Água da torneira)	S2 (4 CE)	
T1	85.86	72.52	83.94	71.85	78.54
T2	86.32	78.46	84.67	76.60	81.51
T3	86.32	79.36	84.88	76.34	81.73
T4	86.34	76.54	84.75	75.60	80.81
T5	87.59	81.78	85.91	77.71	83.25
T6	87.88	82.84	85.65	78.68	83.76
T7	87.82	82.85	85.64	78.76	83.77
T8	89.67	84.24	86.95	80.82	85.42
Média	87.23	79.82	85.30	77.04	-
S.Em+	0.062	C.D. @ 5%	0.175	C.V. %	0.132

O efeito de interação de S X G X T para o conteúdo relativo de água foi encontrado para ser diferenças significativas no amendoim (Tabela 4.1). No entanto, o maior valor de conteúdo relativo de água foi observado em plantas irrigadas com água de fita e plantas tratadas com GA3 @ 100 ppm + KNO3 @ 500 ppm + ácido silícico @ 50 ppm após 30 DAS S1G1T8 (89,67 %). O valor mais baixo do conteúdo relativo de água foi observado na planta irrigada com água salina 4 EC e na planta em condição de controlo após 50 DAS S2G2T1 (71,85 %). Em geral, o tratamento com ácido giberélico e nitrato de potássio melhorou o conteúdo relativo de água (%) nas folhas do amendoim, independentemente das fases de crescimento, bem como sob stress hídrico salino.

Estes resultados estão de acordo com Amirjani (2011), que referiu que a salinidade reduziu o teor relativo de água nas plântulas de arroz. Ahmad e Hadddad (2011) referiram que o teor relativo de água aumentou no trigo com o tratamento com silício. A acumulação de compostos solúveis nas células aumenta o potencial osmótico e reduz a perda de água das células (Reddy *et al.*, 2003).

4.1.2 pH da folha

Considera-se que o pH da folha desempenha um papel importante no afrouxamento da parede celular e no crescimento dos tecidos em condições ambientais limitantes, como o stress abiótico. Os dados sobre o pH da folha analisados a partir do tecido foliar do amendoim recolhido de plantas tratadas aos 20 DAS e 40 DAS com diferentes concentrações de ácido giberélico, nitrato de potássio, ácido silícico e a sua combinação (T1 a T8) cultivadas num vaso irrigado com água de fita (S1) e água salina (S2) 4 CE em duas fases diferentes G1 (30 DAS) e G2 (50 DAS) são apresentados na Fig. 4.3, 4.4 e Tabela 4.2.

O efeito médio do nível de salinidade, independentemente do tratamento com ácido giberélico, nitrato de potássio, ácido silícico e suas combinações e estágios de crescimento, ou seja, antes e depois da pulverização de ácido giberélico, nitrato de potássio, ácido silícico e suas combinações de tratamento, foi estatisticamente significativo para o pH da folha (Fig. 4.3 A). Entre os níveis de salinidade, o tratamento S1 irrigado com água normal apresentou menor valor de pH foliar (6,47), enquanto o vaso irrigado com água salina 4 EC (S2) apresentou maior valor de pH foliar (6,60).

Entre os diferentes estágios, o valor médio do pH da folha variou significativamente entre 6,55 e 6,52 (Fig. 4.3 B). O conteúdo foi aumentado de 30 DAS (6,52) para 50 DAS (6,52).

A aplicação de tratamentos de pulverização de ácido giberélico, nitrato de potássio, ácido silícico e a sua combinação foram estatisticamente significativas (Fig. 4.3 C). O tratamento T8 [GA3 @ 100 ppm + KNO3 @ 500 ppm + ácido silícico @ 50 ppm] causou uma diminuição acentuada do pH da folha no tecido foliar do amendoim. Os tecidos obtidos a partir de vasos de amendoim tratados com T8 [GA3 @ 100 ppm + KNO3 @ 500 ppm + ácido silícico @ 50 ppm] revelaram uma quantidade menor de pH médio da folha (5,96) e que foi seguido por T7 [GA3 @ 100 ppm + ácido silícico @ 50 ppm (6,44)] e T6 [KNO3 @ 500 ppm + ácido silícico @ 50 ppm (6,44)] independentemente do nível de salinidade e estágios de crescimento. O teor médio mais elevado foi registado para os tecidos recebidos de T1 (6,95).

O efeito de interação de S X T para o pH da folha revelou diferenças significativas no tecido foliar do amendoim (Fig. 4.4 A). O valor mais alto do pH da folha foi observado para o S2T1, ou seja, na planta irrigada com água salina 4 EC sob condição de controlo (6,97). O valor mais baixo (5,92) do pH da folha foi observado na planta irrigada com água da torneira e tratada com T8 [GA3 @ 100 ppm + KNO3 @ 500 ppm + ácido silícico @ 50 ppm (S1T8)].

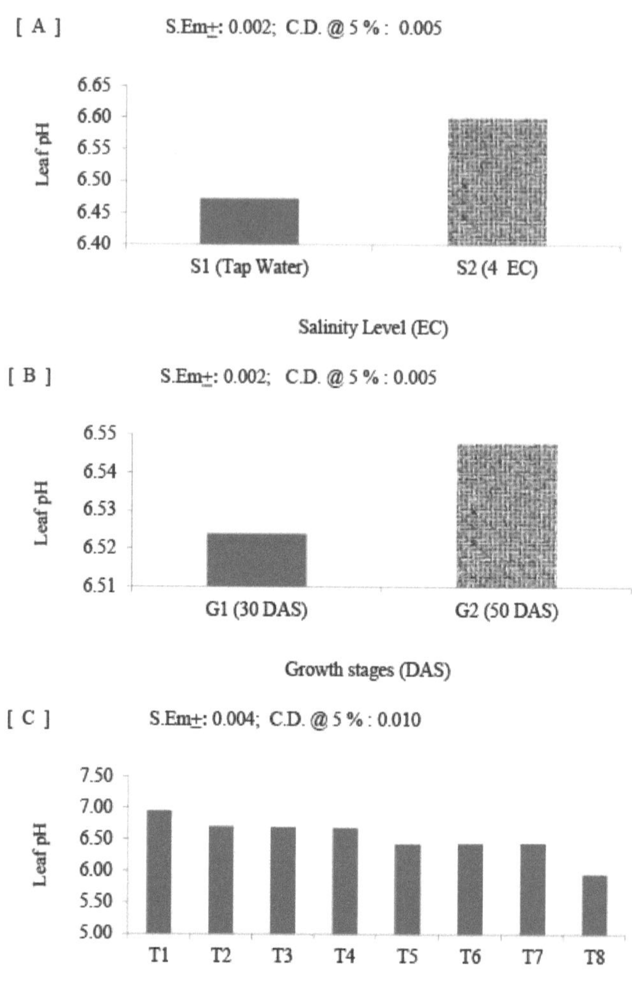

Fig. 4.3: Efeito médio da [A] salinidade (S), [B] estágios de crescimento (G) e [C] tratamentos (T) no pH da folha do amendoim.

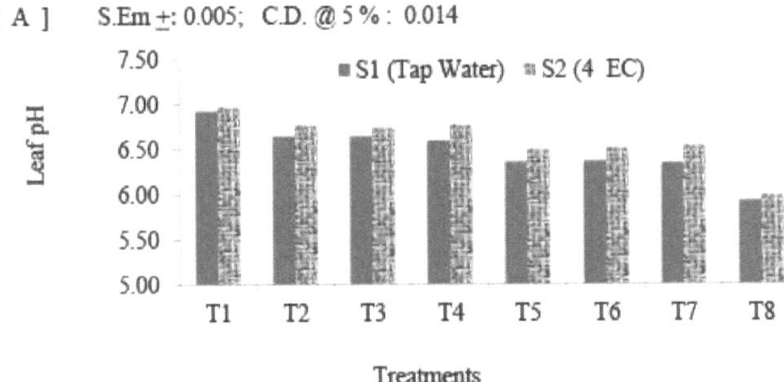

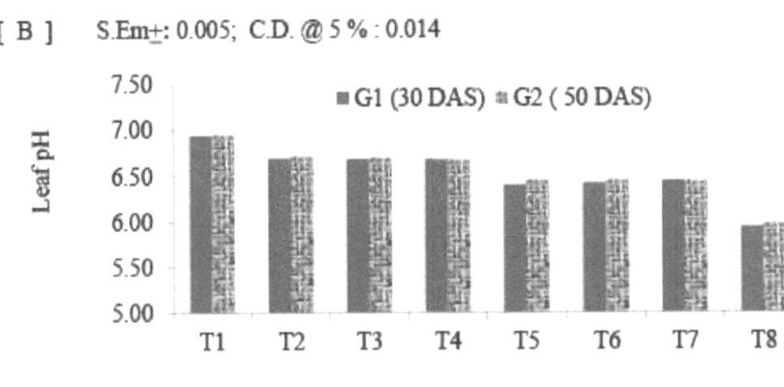

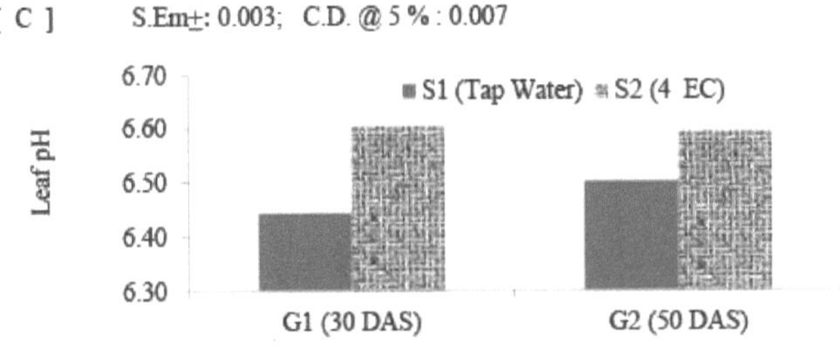

Fig. 4.4: Efeito de interação de [A] salinidade (S) X tratamentos (T), [B] estádios de crescimento (G) X tratamentos (T), [C] salinidade (S) X estádios de crescimento (G) no pH foliar do amendoim.

O efeito de interação de G X T para o pH da folha revelou diferenças significativas para o pH da folha no amendoim (Fig. 4.4 B). O valor mais baixo do pH da folha foi observado em G1T8, ou seja, na planta tratada com GA3 @ 100 ppm + KNO3 @ 500 ppm + ácido silícico @ 50 ppm após 30 DAS (5,94). O valor mais alto do pH da folha foi observado no G2T1, ou seja, na planta em condição de controlo após 50 DAS (6,96).

O efeito da interação S X G para o pH da folha revelou diferenças significativas no tecido foliar do amendoim (Fig. 4.4 C). O valor mais baixo do pH da folha foi observado em S1G1, ou seja, na planta irrigada com água da torneira (condição de controlo) após 30 DAS (6,44). O valor mais alto do pH da folha foi observado em S2G1 (6,60).

41

O efeito da interação S X G X T para o pH da folha foi estatisticamente significativo no amendoim (Tabela 4.2). No entanto, o valor mais baixo do pH da folha foi observado na planta irrigada com água de fita e na planta tratada com GA3 @ 100 ppm + KNO3 @ 500 ppm + ácido silícico @ 50 ppm após 30 DAS S1G1T8 (5,91). O valor mais alto do pH da folha foi observado na planta irrigada com água salina 4 EC e na planta em condição de controlo após 50 DAS S2G2T1 (6,97).

Tabela 4.2: Efeito de interação das combinações de salinidade [S], estádios de crescimento [G] e tratamento [T] no pH foliar do amendoim.

Tratamento	Gi (30 DAS)		G2 (50 DAS)		Média
	si (Água da torneira)	S2 (4 CE)	si (Água da torneira)	S2 (4 CE)	
Ti	6.91	6.97	6.94	6.97	6.95
T2	6.61	6.77	6.67	6.77	6.71
T3	6.61	6.75	6.67	6.73	6.69
T4	6.59	6.77	6.59	6.77	6.68
T5	6.31	6.49	6.41	6.51	6.43
T6	6.32	6.52	6.41	6.51	6.44
T7	6.29	6.59	6.39	6.49	6.44
T8	5.91	5.97	5.93	6.01	5.96
Média	6.44	6.60	6.50	6.59	-
S.Em+	**0.007**	**C.D. @ 5%**	**0.020**	**C.V. %**	**0.189**

Estes resultados estão de acordo com Johannes (2011), que referiu que o pH da folha é uma espécie relacionada e independente da propriedade do solo. Trivedi (2018) também relatou a mesma tendência para a salinidade do pH da folha em culturas de feijão mungo.

4.1.3 Índice de estabilidade da membrana (MSI)

Os dados sobre o índice de estabilidade da membrana (%) foram investigados a partir de tecido foliar de amendoim recolhido de plantas tratadas aos 20 DAS e 40 DAS com diferentes concentrações de ácido giberélico, nitrato de potássio, ácido silícico e a sua combinação (TI a T8) cultivadas num vaso irrigado com água de fita (si) e água salina (s2) 4 CE em duas fases diferentes Gi (30 DAS) e G2 (50 DAS) são apresentados na Fig. 4.5, 4.6 e Tabela 4.3.

O efeito médio do nível de salinidade, independentemente do tratamento com ácido giberélico, nitrato de potássio, ácido silícico e suas combinações, e dos estágios de crescimento, ou seja, antes e depois da pulverização de ácido giberélico, nitrato de potássio, ácido silícico e suas combinações de tratamento, foi estatisticamente significativo para o índice de estabilidade da membrana (Fig. 4.5 A). Entre os níveis de salinidade, o tratamento S1 irrigado com água da torneira mostrou a maior quantidade de índice de estabilidade de membrana (65,04 %), enquanto o vaso irrigado com água salina 4 EC (s2) mostrou o valor mais baixo para o índice de estabilidade de membrana (59,94 %). Em comparação com S1 (água da torneira), o índice de estabilidade da membrana diminuiu 7,84% em S2 (4 CE).

Entre os diferentes estágios, o valor médio do índice de estabilidade da membrana variou significativamente entre 62,21% e 62,77% (Fig. 4.5 B). O conteúdo aumentou de 30 DAS (62,21 %) para 50 DAS (62,77 %).

A imposição de tratamento por pulverização de ácido giberélico, nitrato de potássio, ácido silícico e a combinação dos mesmos foi estatisticamente significativa (Fig. 4.5 C). O tratamento T8 [GA3 @ 100 ppm + KNO3 @ 500 ppm + ácido silícico @ 50 ppm] causou um aumento acentuado no índice de estabilidade da membrana em tecidos de folhas de amendoim. Os tecidos obtidos de vasos de amendoim tratados com T8 [GA3 @ 100 ppm + KNO3 @ 500 ppm + ácido silícico @ 50 ppm (67,69 %)] revelaram maior quantidade de índice médio de estabilidade de membrana, seguido por T7 [GA3 @ 100 ppm + ácido silícico @ 50 ppm (65,15 %)] e T6 [KNO3 @ 500 ppm + ácido silícico @ 50 ppm (64,74 %)], independentemente do nível de salinidade e dos estágios de crescimento. O teor médio mais baixo foi observado para os tecidos recebidos de T1 (54,32%).

O efeito de interação de S X T para o índice de estabilidade da membrana revelou diferenças significativas no tecido foliar do amendoim (Fig. 4.6 A). O valor mais alto do índice de estabilidade da membrana foi observado para o S1T8, ou seja, na planta irrigada com água da torneira combinada com GA3 @ 100 ppm + KNO3 @ 500 ppm + ácidos silícicos @ 50 ppm (70,26 %). O valor mais baixo (48,85 %) do índice de estabilidade da membrana foi observado na planta irrigada com água salina 4 EC sob condição de controlo (S2T1).

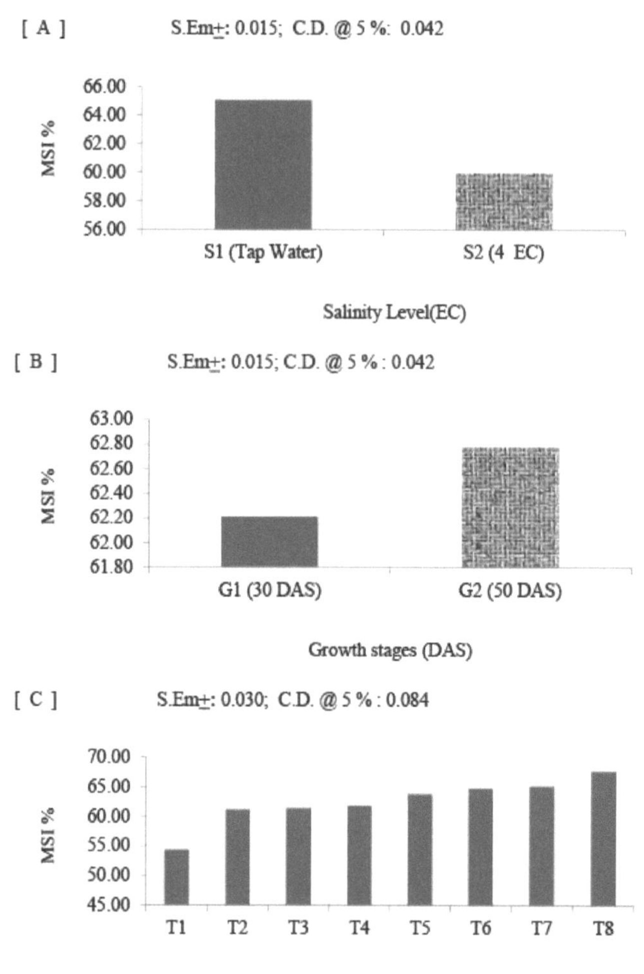

Fig. 4.5: Efeito médio de [A] salinidade (S), [B] estágios de crescimento (G) e [C] tratamentos (T) no índice de estabilidade de membrana (%) em tecidos foliares de amendoim.

44

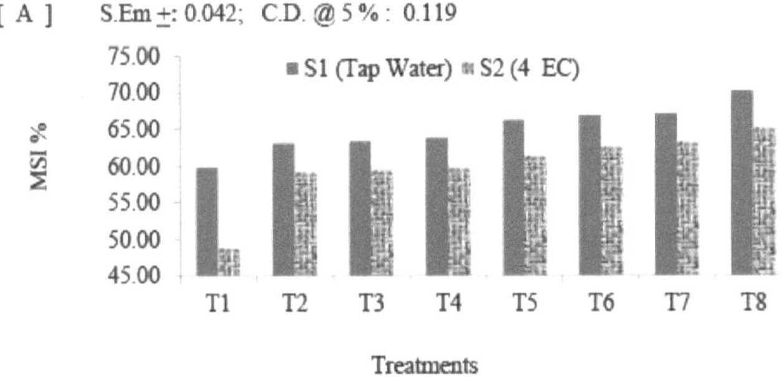

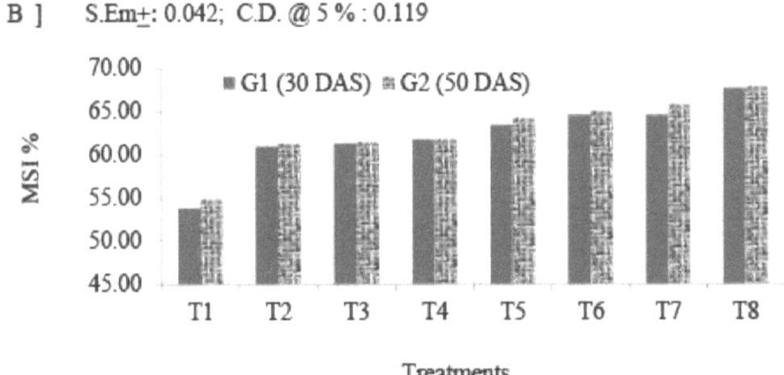

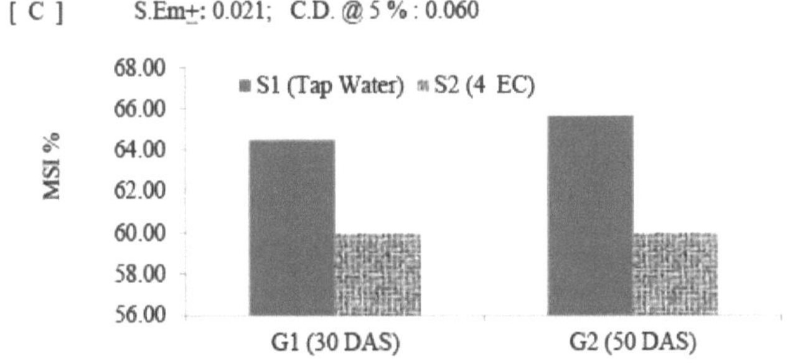

Fig. 4.6: Efeito de interação de [A] salinidade (S) X tratamentos (T), [B] estádios de crescimento (G) X tratamentos (T), [C] salinidade (S) X estádios de crescimento (G) no índice de estabilidade da membrana (%) em tecidos foliares de amendoim.

O efeito de interação de G X T para o índice de estabilidade da membrana revelou diferenças significativas para o índice de estabilidade da membrana no amendoim (Fig. 4.6 B). O valor mais alto do índice de estabilidade da membrana foi observado em G2T8, ou seja, em plantas tratadas com água salina (4 EC) e GA3 @ 100 ppm + KNO3 @ 500 ppm + ácido silícico @ 50 ppm após 50 DAS (67,82 %). O valor mais baixo do índice de estabilidade da membrana foi observado para G1T1, ou seja, a planta estava na condição de controlo aos 30 DAS (53,79 %).

O efeito de interação de S X G para o índice de estabilidade da membrana revelou diferenças significativas no tecido foliar do amendoim (Fig. 4.6 C). O valor mais elevado do índice de

45

estabilidade da membrana foi observado em S1G2, ou seja, na planta irrigada com água da torneira (condição de controlo) após 50 DAS (65,61 %). O valor mais baixo do índice de estabilidade da membrana foi observado em S2G2 (59,93 %).

O efeito de interação de S X G X T para o índice de estabilidade da membrana foi encontrado para ser diferenças significativas no amendoim (Tabela 4.3). No entanto, o valor mais alto do índice de estabilidade da membrana foi observado na planta irrigada com água de fita e na planta tratada com GA3 @ 100 ppm + KNO3 @ 500 ppm + ácido silícico @ 50 ppm após 50 DAS S1G2T8 (70,76 %). O valor mais baixo do conteúdo relativo de água foi observado na planta irrigada com água salina 4 EC e na planta em condição de controlo após 50 DAS S2G2T1 (48.24 %).

Tabela 4.3: Efeito de interação das combinações de salinidade [S], fases de crescimento [G] e tratamento [T] no índice de estabilidade das membranas (%) em tecidos foliares de amendoim.

Tratamento	Gi (30 DAS)		G2 (50 DAS)		Média
	si (Água da torneira)	S2 (4 CE)	si (Água da torneira)	S2 (4 CE)	
Ti	59.35	48.24	60.25	49.46	54.32
T2	62.75	59.14	63.35	59.24	61.12
T3	62.90	59.66	63.77	59.13	61.36
T4	63.35	60.13	64.25	59.36	61.77
T5	65.25	61.44	67.16	61.26	63.78
T6	66.12	62.93	67.56	62.37	64.74
T7	66.36	62.67	67.78	63.78	65.15
T8	69.75	65.36	70.76	64.88	67.69
Média	64.48	59.94	65.61	59.33	-
S.Em+	**0.060**	**C.D. @ 5%**	**0.169**	**C.V. %**	**0.178**

Esses resultados estão de acordo com Sunitha *et al.* (2015), que relataram que a salinidade reduziu o índice de estabilidade da membrana em mudas de amendoim.

4.2 Parâmetros bioquímicos

4.2.1 Fenóis totais

Os dados sobre fenol total (mg.g^{-1}) analisados a partir de tecidos foliares de amendoim recolhidos de plantas tratadas aos 20 DAS e 40 DAS com diferentes concentrações de ácido giberélico, nitrato de potássio, ácido silícico e a sua combinação (Ti a T8) cultivadas num vaso irrigado com água de fita (si) e água salina (s2) 4 CE em duas fases diferentes Gi (30 DAS) e G2 (50 DAS) são apresentados na Fig. 4.7, 4.8 e Tabela 4.4.

O efeito médio do nível de salinidade, independentemente do tratamento com ácido giberélico, nitrato de potássio, ácido silícico e suas combinações e estágios de crescimento, ou seja, antes e depois da pulverização de ácido giberélico, nitrato de potássio, ácido silícico e suas combinações de tratamento, foi considerado estatisticamente significativo para fenol total (Fig. 4.7 A). Entre os níveis de salinidade, o tratamento S1 irrigado com água da torneira mostrou a menor quantidade de fenol total (13,07 mg.g^{-1}), enquanto o vaso irrigado com água salina 4 EC (s2) mostrou o maior valor para fenol total (13,90 mg.g^{-1}).

Entre as diferentes fases, o valor médio de fenol total variou significativamente entre 14,83 mg.g^{-1} e 12,15 mg.g^{-1} (Fig. 4.7 B). O teor diminuiu a partir dos 30 DAS (14,83 mg.g^{-1}) até aos 50 DAS (12,15 mg.g^{-1}).

O tratamento por pulverização de ácido giberélico, nitrato de potássio, ácido silícico e a sua combinação foram estatisticamente significativos (Fig. 4.7 C). O tratamento T8 [GA3 @ 100 ppm + KNO3 @ 500 ppm + ácido silícico @ 50 ppm causou um aumento acentuado no fenol total no tecido foliar do amendoim. Os tecidos obtidos de vasos de amendoim tratados com T8 [GA3 @ 100 ppm + KNO3 @ 500 ppm + ácido silícico @ 50 ppm] revelaram maior quantidade média de fenol total (16,29 mg.g^{-1}) e que foi seguido por T7 [GA3 @ 100 ppm + ácido silícico @ 50 ppm (14,08 mg.g^{-1})] e T6 [KNO3 @ 500 ppm + ácido silícico @ 50 ppm (13,98 mg.g^{-1})] independentemente do nível de salinidade e estágios de crescimento. O teor médio mais baixo foi observado para os tecidos recebidos de T1 (11,90 mg.g^{-1}).

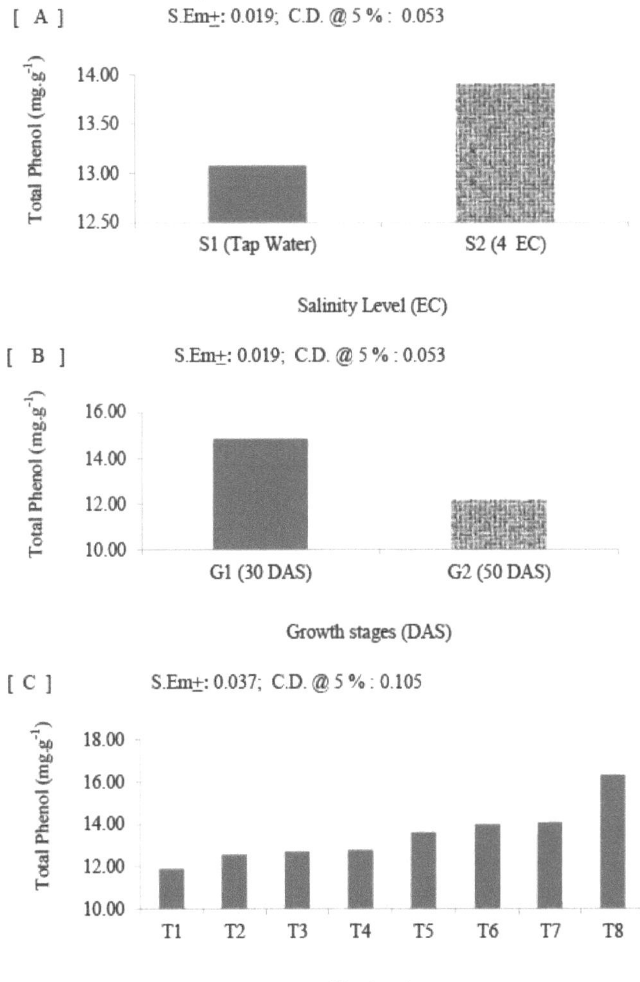

Fig. 4.7: Efeito médio de [A] salinidade (S), [B] estágios de crescimento (G) e [C] tratamentos (T) no conteúdo de fenol total (mg.g-1) em tecidos foliares de amendoim.

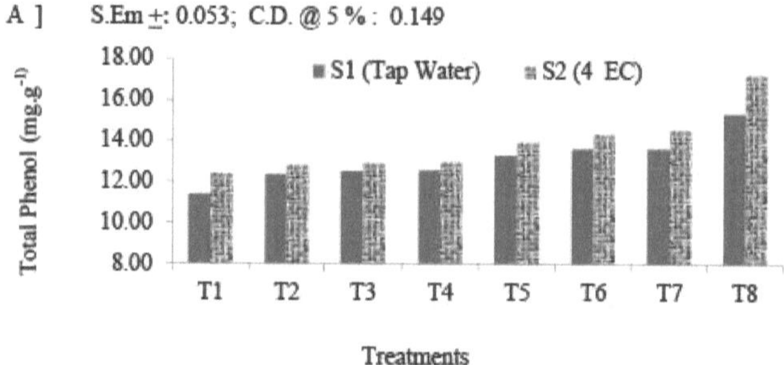

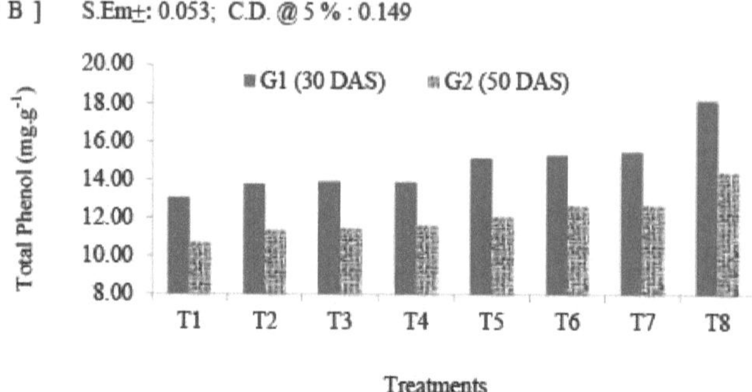

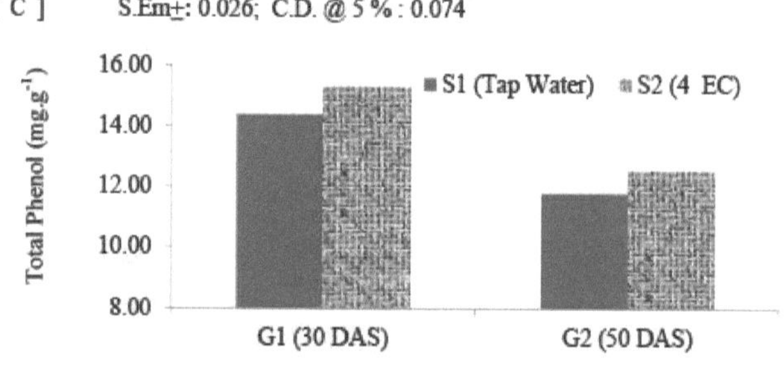

Fig. 4.8: Efeito de interação de [A] salinidade (S) X tratamentos (T), [B] estádios de crescimento (G) X tratamentos (T), [C] salinidade (S) X estádios de crescimento (G) no teor de fenóis totais (mg.g-1) nos tecidos foliares do amendoim.

O efeito de interação de S X T para fenol total mostrou diferenças significativas no tecido foliar do amendoim (Fig. 4.8 A). O valor mais alto de conteúdo de fenol total foi observado para o S2T8 i.e. em plantas irrigadas com água salina combinada com GA3 @ 100 ppm + KNO3 @ 500 ppm + ácido silícico @ 50 ppm após 50 DAS (17.26 mg.g^{-1}). O valor mais baixo (11,38 mg.g^{-1}) do conteúdo de fenol total foi observado na planta irrigada com água da torneira sob condição de controlo (S1T1).

O efeito de interação de G X T para o conteúdo total de fenol foi encontrado com diferenças estatisticamente significativas para o conteúdo total de fenol no amendoim (Fig. 4.8 B). O valor mais alto de conteúdo de fenol total foi observado em G1T8, ou seja, em plantas tratadas com GA3 @ 100 ppm + KNO3 @ 500 ppm + ácido silícico @ 50 ppm após 30 DAS (18,15 mg.g^{-1}). O valor mais baixo do conteúdo de fenol total foi observado para o G2T1, ou seja, a planta estava na condição de controlo após 50 DAS (10,73 mg.g^{-1}).

O efeito de interação de S X G para o teor de fenol total revelou diferenças significativas no tecido foliar do amendoim (Fig. 4.8 C). O valor mais alto do conteúdo de fenol total foi observado em S2G1, ou seja, em plantas irrigadas com água salina (4 EC) após 30 DAS (15,28 mg.g^{-1}). O valor mais baixo do teor de fenóis totais foi observado em S1G2 (11,78 mg.g^{-1}).

Tabela 4.4: Efeito de interação das combinações de salinidade [S], estádios de crescimento [G] e tratamento [T] no teor de fenóis totais (mg.g^{-1}) nos tecidos foliares do amendoim.

Tratamento	Gi (30 DAS)		G2 (50 DAS)		Média
	si (Água da torneira)	S2 (4 CE)	si (Água da torneira)	S2 (4 CE)	
T1	12.58	13.55	10.18	11.27	11.90
T2	13.66	13.87	10.99	11.77	12.57
T3	13.84	13.99	11.15	11.84	12.71
T4	13.69	14.05	11.42	11.89	12.76
T5	14.78	15.48	11.79	12.42	13.62
T6	14.81	15.73	12.42	12.95	13.98
T7	14.88	16.03	12.34	13.08	14.08
T8	16.75	19.55	13.92	14.96	16.29
Média	14.37	15.28	11.78	12.52	-
S.Em+	0.074	C.D. @ 5%	0.211	C.V. %	0.956

O efeito de interação de S X G X T para o conteúdo total de fenol foi estatisticamente significativo no amendoim (Tabela 4.4). No entanto, o maior valor de conteúdo de fenol total foi observado em plantas irrigadas com água salina e plantas tratadas com GA3 @ 100 ppm + KNO3 @ 500 ppm + ácido silícico @ 50 ppm após 30 DAS S2G1T8 (19,55 mg.g^{-1}). O aumento do teor de fenol total foi de quase 44% em G1S2T1 e 55% em comparação com G1S1T1. O valor mais baixo do teor de fenol total foi observado na planta irrigada com água da torneira e na planta em condição de controlo após 50 DAS S1G2T1 (10,18 mg.g^{-1}). Zohra *et al.* (2016) também sugerem que os compostos polifenólicos estão envolvidos na defesa contra o stress salino. Kandoliya *et al.* (2016) observaram que o composto fenólico pode contribuir diretamente para a ação antioxidante.

Esses resultados estavam de acordo com Mohan *et al.* (2018), que relataram que a salinidade aumenta o composto fenólico em mudas de amendoim. O conteúdo fenólico aumentou sob a prevalência de condições salinas no feijão-mungo. Este aumento pode ser devido ao mecanismo adaptativo celular para eliminar as espécies reativas de oxigénio (Aslam *et al.*, 2016). Em geral, o teor mais elevado de fenóis foi associado a uma maior capacidade antioxidante (Santas *et al.*, 2008). Vários estudos também relataram uma boa correlação entre o fenol total do extrato de plantas e a atividade antioxidante (Bahorun *et al.*, 2004).

4.2.2 Proteína verdadeira

Os dados sobre a proteína verdadeira (%) analisada a partir de tecido foliar de amendoim recolhido de plantas tratadas aos 20 DAS e 50 DAS com diferentes concentrações de ácido giberélico, nitrato de potássio, ácido silícico e a sua combinação (T1 a T8) cultivadas num vaso irrigado com água de fita (S1) e água salina (S2) 4 CE em duas fases diferentes G1 (30 DAS) e G2 (50 DAS) são apresentados na Fig. 4.9, 4.10 e Tabela 4.5.

O efeito médio do nível de salinidade, independentemente do tratamento com ácido giberélico, nitrato de potássio, ácido silícico e suas combinações e estágios de crescimento, ou seja, antes e depois da pulverização de ácido giberélico, nitrato de potássio, ácido silícico e suas combinações de tratamento, foi estatisticamente significativo para o conteúdo de proteína verdadeira (Fig. 4.9 A). Entre os níveis de salinidade, o tratamento S1 irrigado com água da torneira mostrou a maior quantidade de conteúdo de proteína verdadeira (8,89 %), enquanto o vaso irrigado com água salina 4 EC (S2) mostrou o valor mais baixo para o conteúdo de proteína verdadeira (8,04 %). Patel *et al.* (1992) também relataram a redução de proteínas, ARN e aminoácidos livres sob stress abiótico na cultura do amendoim.

Entre os diferentes estágios, o valor médio do conteúdo de proteína verdadeira variou significativamente entre 8,92 % e 8,00 % (Fig. 4.9 B). O conteúdo diminuiu de 30 DAS (8,92 %) para 50 DAS (8,00 %).

A imposição de tratamento por pulverização de ácido giberélico, nitrato de potássio, ácido silícico e a combinação destes encontrou significância estatística (Fig. 4.9 C). O tratamento T8 [GA3 @ 100 ppm + KNO3 @ 500 ppm + ácido silícico @ 50 ppm causou um aumento acentuado no conteúdo de proteína verdadeira no tecido foliar do amendoim. Os tecidos obtidos de vasos de amendoim tratados com T8 [GA3 @ 100 ppm + KNO3 @ 500 ppm + ácido silícico @ 50 ppm] revelaram maior quantidade de conteúdo médio de proteína verdadeira (8,87%), seguido por T7 [GA3 @ 100 ppm + ácido silícico @ 50 ppm (8,46%)] e T6 [KNO3 @ 500 ppm + ácido silícico @ 50 ppm (8,57%)], independentemente do nível de salinidade e dos estágios de crescimento. O teor médio mais baixo foi registado nos tecidos recebidos de T1 (8,22 %).

O efeito de interação da salinidade e dos tratamentos [S X T] para o teor de proteínas verdadeiras mostrou diferenças não significativas no tecido foliar do amendoim (Fig. 4.10 A). O valor mais alto do conteúdo de proteína verdadeira foi observado para o S1T8, ou seja, na planta irrigada com água da torneira combinada com GA3 @ 100 ppm + KNO3 @ 500 ppm + ácidos silícicos @ 50 ppm (9,24 %). O valor mais baixo (7,78 %) do teor de proteína verdadeira foi observado na planta irrigada com água salina 4 EC sob condição de controlo (S2T1).

O efeito de interação de G X T para o conteúdo de proteína verdadeira foi observado estatisticamente não significativo para o conteúdo de proteína verdadeira no amendoim (Fig. 4.10 B). O valor mais alto de conteúdo de proteína verdadeira foi observado em G1T8, ou seja, na planta tratada com GA3 @ 100 ppm + KNO3 @ 500 ppm + ácido silícico @ 50 ppm após 30 DAS (9,27%). O valor mais baixo do teor de proteínas verdadeiras foi observado no G2T1, ou seja, na planta em condição de controlo após 50 DAS (7,74 %).

O efeito da interação S X G para o teor de proteínas verdadeiras revelou-se estatisticamente significativo no tecido foliar do amendoim (Fig. 4.10 C). O valor mais alto do conteúdo de proteína verdadeira foi observado em S1G1, ou seja, em plantas irrigadas com água da torneira (condição de controlo) após 30 DAS (9,17 %). O valor mais baixo do teor de proteínas verdadeiras foi observado em G2S2 (7,40 %).

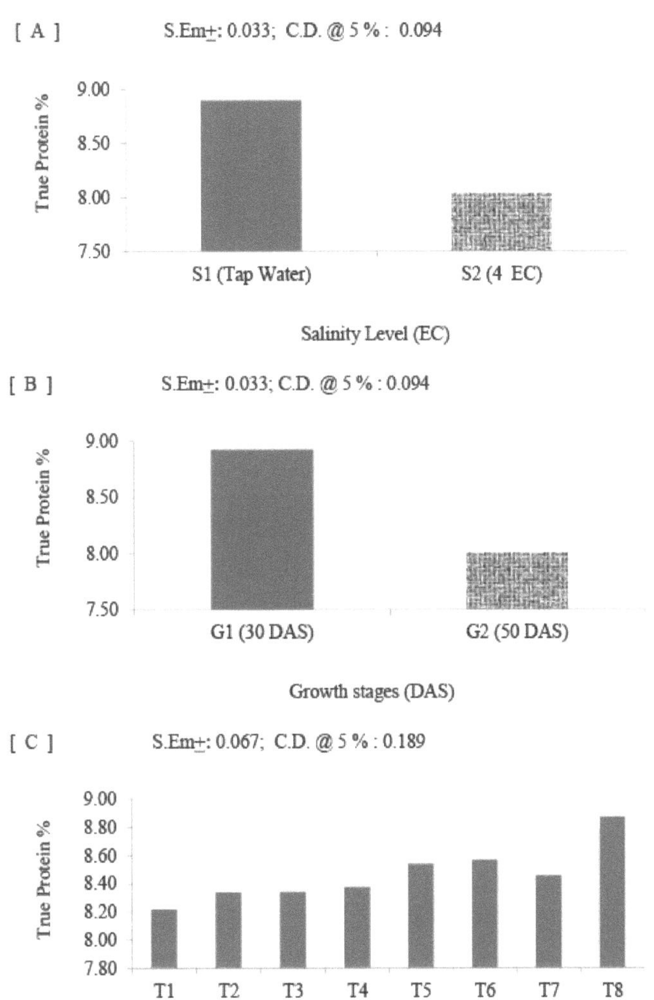

Fig. 4.9: Efeito médio de [A] salinidade (S), [B] estágios de crescimento (G) e [C] tratamentos (T) no conteúdo de proteína verdadeira (%) em tecidos foliares de amendoim.

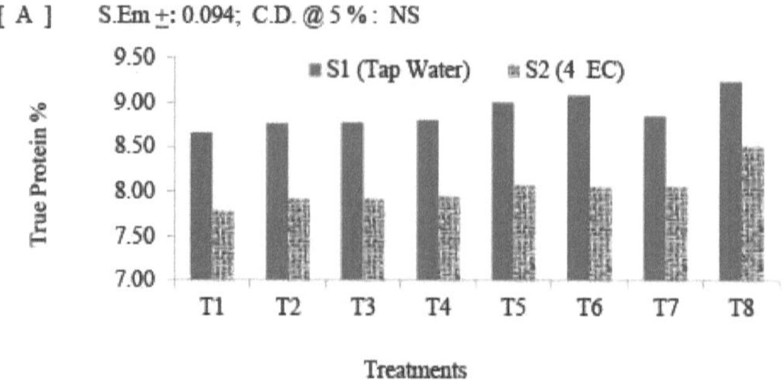

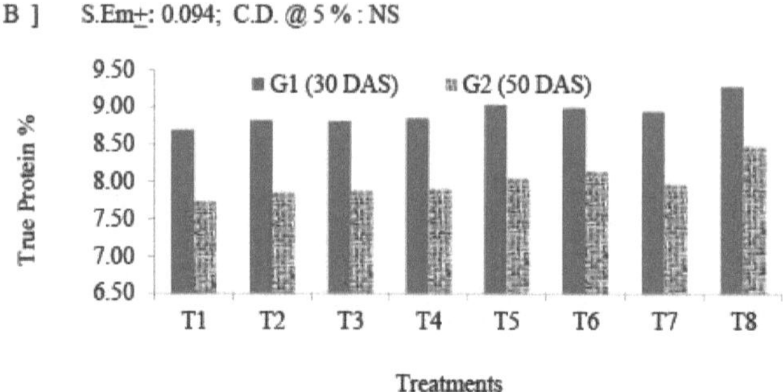

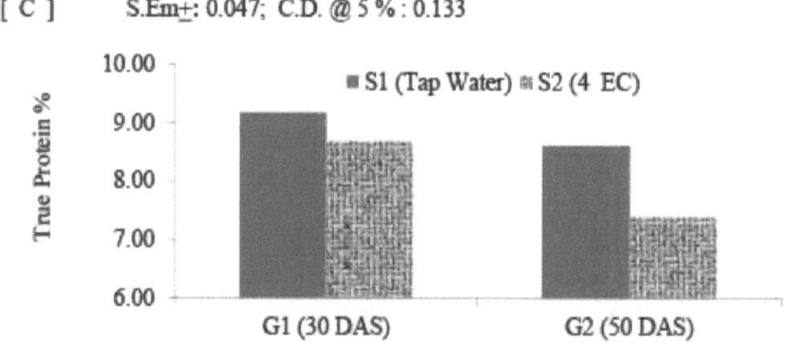

Fig. 4.10: Efeito de interação de [A] salinidade (S) X tratamentos (T), [B] estádios de crescimento (G) X tratamentos (T), [C] salinidade (S) X estádios de crescimento (G) no teor de proteínas verdadeiras (%) nos tecidos foliares do amendoim.

O efeito de interação de S X G X T para o conteúdo de proteína verdadeira revelou-se estatisticamente significativo no amendoim (Tabela 4.5). No entanto, o maior valor de conteúdo de proteína verdadeira foi observado em plantas irrigadas com água de fita e plantas tratadas com GA3 @ 100 ppm + KNO3 @ 500 ppm + ácido silícico @ 50 ppm após 30 DAS S1G1T8 (9,53 %). O valor mais baixo do conteúdo de proteína verdadeira foi observado na planta irrigada com água salina 4 EC e na planta em condição de controlo após 50 DAS S2G2T1 (7,09 %). Após a aplicação de T8 [GA3 @ 100 ppm + KNO3 @ 500 ppm + ácido silícico @ 50 ppm] cerca de 25,60 % do conteúdo de proteína verdadeira foi aumentado em comparação com S2G2T1 (que foi o mais baixo entre todas as condições).

Tabela 4.5: Efeito de interação das combinações de salinidade [S], estádios de crescimento [G] e tratamento [T] no teor de proteínas verdadeiras (%) nos tecidos foliares do amendoim.

Tratamento	G1 (30 DAS)		G2 (50 DAS)		Média
	S1 (Água da torneira)	S2 (4 CE)	S1 (Água da torneira)	S2 (4 CE)	
T1	8.91	8.48	8.40	7.09	8.22
T2	9.02	8.62	8.49	7.22	8.34
T3	9.01	8.59	8.52	7.25	8.34
T4	9.09	8.60	8.50	7.30	8.37
T5	9.25	8.81	8.75	7.35	8.54
T6	9.26	8.72	8.90	7.40	8.57
T7	9.30	8.57	8.39	7.56	8.46
T8	9.53	9.02	8.95	8.00	8.87
Média	9.17	8.67	8.61	7.40	-
S.Em+	**0.134**	**C.D. @ 5%**	**0.378**	**C.V. %**	**2.734**

Esses resultados estão de acordo com Hasan *et al.* (2017), que relataram que a salinidade reduziu o teor de proteína em mudas de amendoim. Mas a aplicação de GA3 aumentou o teor de proteínas. A irrigação do amendoim com água salina afectou a sua qualidade. O teor de nitrogénio e proteína diminuiu, os aminoácidos livres e o teor de sacarose aumentaram com o aumento do nível de salinidade (Heuer *et al.*, 1993). A causa da redução das proteínas em condições de salinidade deveu-se à prevenção da atividade da redutase do nitrato (Undovenko, 1971). A acumulação de Na^+ no citosol perturba a síntese de proteínas e de ácidos nucleicos (Bewley e Black, 1985).

4.2.3 Aminoácido livre

Sabe-se que o aminoácido livre serve de reserva de azoto para a síntese de proteínas. Os dados sobre aminoácidos livres ($mg.g^{-1}$) analisados de tecido foliar de amendoim coletado de plantas tratadas aos 20 DAS e 40 DAS com diferentes concentrações de ácido giberélico, nitrato de potássio, ácido silícico e suas combinações (T1 a T8) cultivadas em vaso irrigado com água de fita (S1) e água salina (S2) 4 EC em dois estágios diferentes G1 (30 DAS) e G2 (50 DAS) são apresentados na Fig. 4.11, 4.12 e Tabela 4.6.

O efeito médio do nível de salinidade, independentemente do tratamento com ácido giberélico, nitrato de potássio, ácido silícico e suas combinações e estágios de crescimento, ou seja, antes e depois da pulverização de ácido giberélico, nitrato de potássio, ácido silícico e suas combinações de tratamento, foi considerado estatisticamente significativo para o conteúdo de aminoácidos livres (Fig. 4.11 A). Entre os níveis de salinidade, o tratamento S1 irrigado com água da torneira mostrou a maior quantidade de conteúdo de aminoácidos livres ($7,07$ $mg.g^{-1}$) enquanto o vaso irrigado com água salina 4 EC (S2) mostrou o menor valor para o conteúdo de aminoácidos livres ($5,97$ $mg.g^{-1}$). Patel *et al.* (1993) também registaram uma diminuição de aminoácidos no amendoim submetido a stress abiótico.

Entre as diferentes fases, o valor médio do teor de aminoácidos livres variou significativamente entre $7,05$ $mg.g^{-1}$ e $5,99$ $mg.g^{-1}$ (Fig. 4.11 B). O conteúdo diminuiu de 30 DAS ($7,05$ $mg.g^{-1}$) para 50 DAS ($5,99$ $mg.g^{-1}$).

53

A imposição de tratamentos de pulverização de ácido giberélico, nitrato de potássio, ácido silícico e a combinação dos mesmos foi estatisticamente significativa (Fig. 4.11 C). O tratamento T8 [GA3 @ 100 ppm + KNO3 @ 500 ppm + ácido silícico @ 50 ppm causou um aumento acentuado no conteúdo de aminoácidos livres no tecido foliar do amendoim. Os tecidos obtidos de vasos de amendoim tratados com T8 [GA3 @ 100 ppm + KNO3 @ 500 ppm + ácido silícico @ 50 ppm] revelaram maior quantidade de conteúdo médio de aminoácidos livres (7,37 mg.g^{-1}) e que foi seguido por T7 [GA3 @ 100 ppm + ácido silícico @ 50 ppm (6,83 mg.g^{-1})] e T6 [KNO3 @ 500 ppm + ácido silícico @ 50 ppm (6,70 mg.g^{-1})] independentemente do nível de salinidade e estágios de crescimento. O teor médio mais baixo foi observado para os tecidos recebidos de T1 (6,06 mg.g^{-1}).

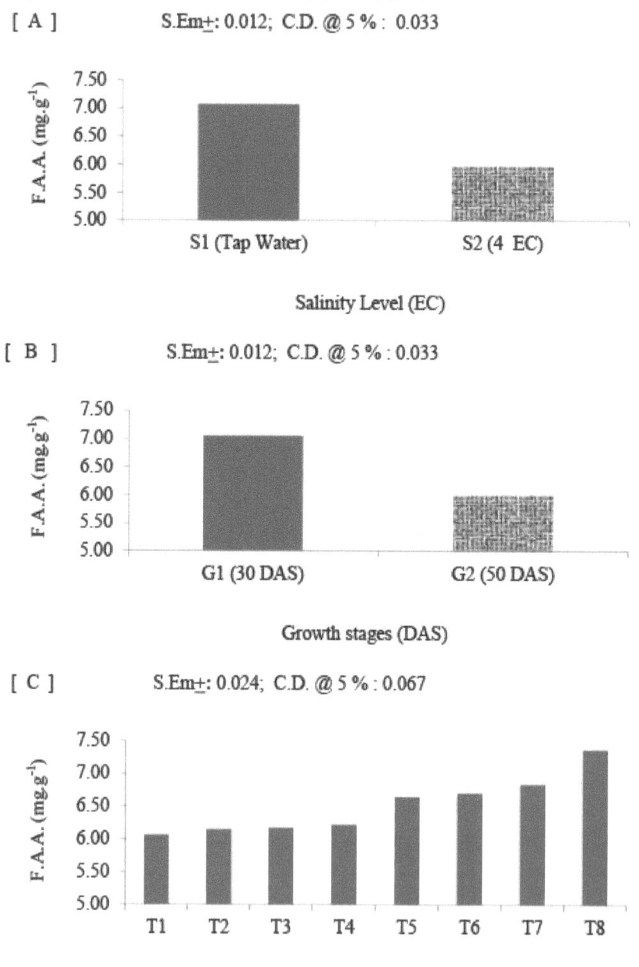

Fig. 4.11: Efeito médio de [A] salinidade (S), [B] estágios de crescimento (G) e [C] tratamentos (T) no conteúdo de aminoácidos livres (mg.g-1) em tecidos foliares de amendoim.

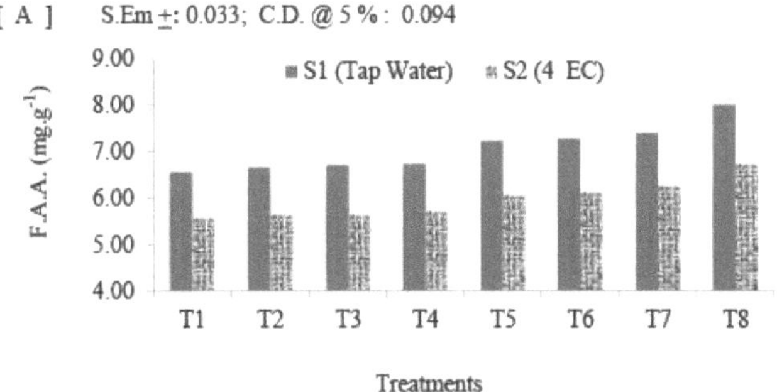

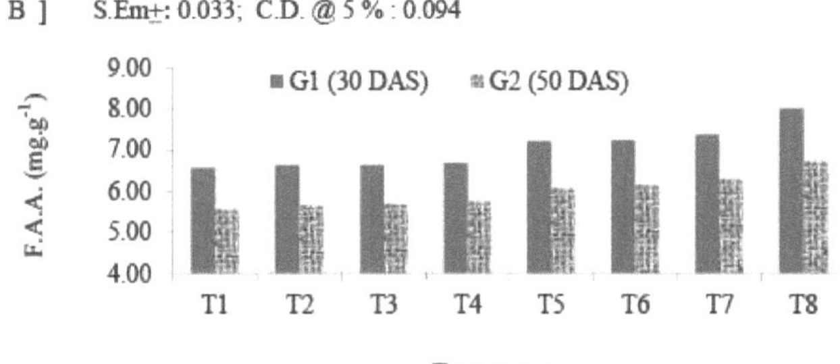

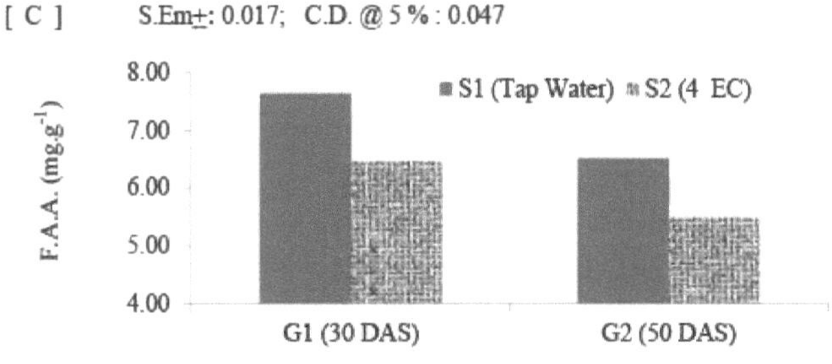

Fig. 4.12: Efeito de interação de [A] salinidade (S) X tratamentos (T), [B] estádios de crescimento (G) X tratamentos (T), [C] salinidade (S) X estádios de crescimento (G) no teor de aminoácidos livres (mg.g-1) nos tecidos foliares do amendoim.

O efeito de interação de S X T para o teor de aminoácidos livres revelou diferenças significativas no tecido foliar do amendoim (Fig. 4.12 A). O maior valor de conteúdo de aminoácidos livres foi observado para o S1T8, ou seja, em plantas irrigadas com água da torneira combinada com GA3 @ 100 ppm + KNO3 @ 500 ppm + ácidos silícicos @ 50 ppm (8,00 mg.g⁻¹). O valor mais baixo (5,58 mg.g⁻¹) do conteúdo de aminoácidos livres foi observado na planta irrigada com água salina 4 EC sob condição de controlo (s2T1).

O efeito de interação de G X T para o conteúdo de aminoácidos livres revelou diferenças significativas para o conteúdo de aminoácidos livres no amendoim (Fig. 4.12 B). O maior valor de conteúdo de aminoácidos livres foi observado em G1T8, ou seja, em plantas tratadas com GA3 @ 100 ppm + KNO3 @ 500 ppm + ácido silícico @ 50 ppm após 30 DAS (8,01 mg.g^{-1}). O valor mais baixo do conteúdo de aminoácidos livres foi observado para o G2T1, ou seja, a planta estava na condição de controlo após 50 DAS (5,56 mg.g^{-1}).

O efeito de interação de S X G para o conteúdo de aminoácidos livres mostrou diferenças significativas no tecido foliar do amendoim (Fig. 4.12 C). O valor mais alto do conteúdo de aminoácidos livres foi observado em S1G1, ou seja, em plantas irrigadas com água da torneira (condição de controlo) após 30 DAS (7,63 mg.g^{-1}). O valor mais baixo do teor de proteínas verdadeiras foi observado em S2G2 (5,49 mg.g^{-1}).

Quadro 4.6: Efeito de interação das combinações de salinidade [S], fases de crescimento [G] e tratamento [T] no teor de aminoácidos livres (mg.g^{-1}) nos tecidos foliares do amendoim.

Tratamento	G1 (30 DAS)		G2 (50 DAS)		Média
	S1 (Água da torneira)	S2 (4 CE)	S1 (Água da torneira)	S2 (4 CE)	
T1	7.05	6.09	6.04	5.08	6.06
T2	7.15	6.14	6.17	5.15	6.15
T3	7.16	6.12	6.24	5.16	6.17
T4	7.19	6.17	6.28	5.25	6.22
T5	7.84	6.59	6.61	5.54	6.65
T6	7.88	6.60	6.66	5.66	6.70
T7	7.99	6.75	6.82	5.78	6.83
T8	8.80	7.21	7.20	6.27	7.37
Média	7.63	6.46	6.50	5.49	-
S.Em+	**0.047**	**C.D. @ 5%**	**0.134**	**C.V. %**	**1.254**

Foi encontrada uma diferença estatisticamente significativa para o efeito de interação de S X G X T para o conteúdo de aminoácidos livres (Tabela 4.6). O maior valor de conteúdo de aminoácidos livres foi observado na planta irrigada com água normal e tratada com GA3 @ 100 ppm + KNO3 @ 500 ppm + ácido silícico @ 50 ppm após 30 DAS S1G1T8 (8,80 mg.g^{-1}). O valor mais baixo de conteúdo de proteína verdadeira foi observado em plantas irrigadas com água salina 4 EC e plantas em condições de controlo após 50 DAS S2G2T1 (5.08 mg.g^{-1}).

Esses resultados estão de acordo com Shweta (2015), que relatou que a salinidade e os PGRs aumentam o conteúdo de aminoácidos livres em mudas de amendoim.

4.2.4 Açúcar solúvel total

Os dados sobre o açúcar solúvel total (%) analisados a partir do tecido foliar do amendoim recolhido de plantas tratadas aos 20 DAS e 40 DAS com diferentes concentrações de ácido giberélico, nitrato de potássio, ácido silícico e a sua combinação (T1 a T8) cultivadas num vaso irrigado com água de fita (S1) e água salina (S2) 4 CE em duas fases diferentes G1 (30 DAS) e G2 (50 DAS) são apresentados na Fig. 4.13, 4.14 e Tabela 4.7.

O efeito médio do nível de salinidade, independentemente do tratamento com ácido giberélico, nitrato de potássio, ácido silícico e suas combinações e estágios de crescimento, ou seja, antes e depois da pulverização de ácido giberélico, nitrato de potássio, ácido silícico e suas combinações de tratamento, foi estatisticamente significativo para o açúcar solúvel total (Fig. 4.13 A). Entre os níveis de salinidade, o tratamento S1 irrigado com água da torneira apresentou a menor quantidade de açúcar solúvel total (3,94 %), enquanto o vaso irrigado com água salina 4 EC (S2) apresentou o maior valor de açúcar solúvel total (4,76 %). Em comparação com S1 (água da torneira), o teor de açúcar solúvel total aumentou 20,81 % em S2 (4 CE).

Entre os diferentes estágios, o valor médio de açúcar solúvel total variou significativamente entre 4,72 % e 3,98 % (Fig. 4.13 B). O conteúdo aumentou de 30 DAS (3,98 %) para 50 DAS (4,72 %).

A imposição de tratamentos de pulverização de ácido giberélico, nitrato de potássio, ácido silícico e a combinação dos mesmos foi estatisticamente significativa (Fig. 4.13 C). O tratamento T8 [GA3 @ 100 ppm + KNO3 @ 500 ppm + ácido silícico @ 50 ppm] causou um aumento acentuado no açúcar solúvel total no tecido foliar do amendoim. Os tecidos obtidos de vasos de amendoim tratados com T8 [GA3 @ 100 ppm + KNO3 @ 500 ppm + ácido silícico @ 50 ppm] revelaram maior quantidade média de açúcar solúvel total (5,76%), seguido por T7 [GA3 @ 100 ppm + ácido silícico @ 50 ppm (5,04%)] e T6 [KNO3 @ 500 ppm + ácido silícico @ 50 ppm (4,96%)], independentemente do nível de salinidade e dos estágios de crescimento. O teor médio mais baixo foi registado nos tecidos recebidos de T1 (3,20 %).

O efeito de interação de S X T para o açúcar solúvel total revelou diferenças significativas no tecido foliar do amendoim (Fig. 4.14 A). O valor mais alto do conteúdo de açúcar solúvel total foi observado para o S2T8, ou seja, na planta irrigada com água salina combinada com GA3 @ 100 ppm + KNO3 @ 500 ppm + ácidos silícicos @ 50 ppm após 50 DAS (6,26 %). O valor mais baixo (2,82 %) do teor de açúcar solúvel total foi observado na planta irrigada com água da torneira em condições de controlo (S1T1).

O efeito de interação de G X T para o teor de açúcar solúvel total revelou diferenças significativas no tecido foliar do amendoim (Fig. 4.14 B). O valor mais alto do teor de açúcar solúvel total foi observado em G2T8, ou seja, em plantas tratadas com GA3 @ 100 ppm + KNO3 @ 500 ppm + ácido silícico @ 50 ppm após 50 DAS (6,37 %). O valor mais baixo do teor de açúcares solúveis totais foi observado para G1T1, ou seja, a planta estava na condição de controlo após 30 DAS (2,91 %).

O efeito da interação S X G para o teor de açúcar solúvel total revelou diferenças significativas no tecido foliar do amendoim (Fig. 4.14 C). O valor mais alto do teor de açúcar solúvel total foi observado em S2G2, ou seja, em plantas irrigadas com água salina (4 EC) após 50 DAS (5,09 %). O valor mais baixo do teor de açúcares solúveis totais foi observado no S1G1 (3,53 mg.g^{-1}).

O efeito de interação de S X G X T para o teor de açúcar solúvel total apresentou diferenças significativas no amendoim (Quadro 4.7). No entanto, o valor mais alto do teor de açúcar solúvel total foi observado na planta irrigada com água salina e na planta tratada com GA3 @ 100 ppm + KNO3 @ 500 ppm + ácido silícico @ 50 ppm após 50 DAS S2G2T8 (6,81 %). O valor mais baixo do teor de açúcar solúvel total foi observado na planta irrigada com água da torneira e na planta em condição de controlo após 30 DAS S1G1T1 (2,54 %).

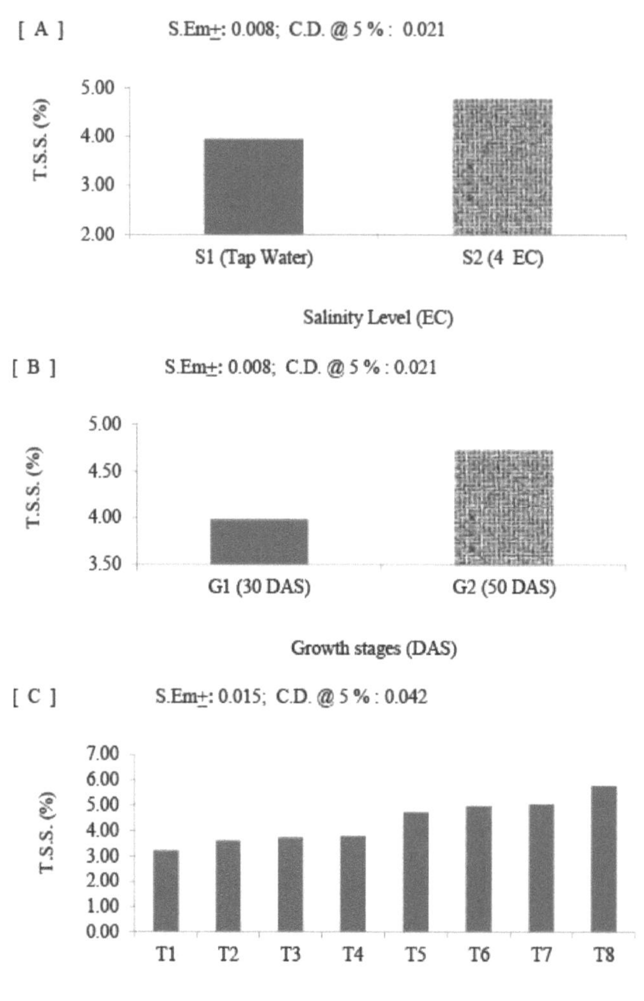

Fig. 4.13: Efeito médio de [A] salinidade (S), [B] estágios de crescimento (G) e [C] tratamentos (T) no teor de açúcar solúvel total (%) em tecidos foliares de amendoim.

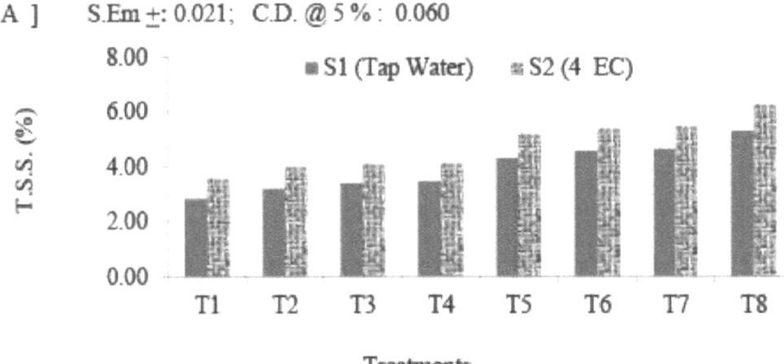

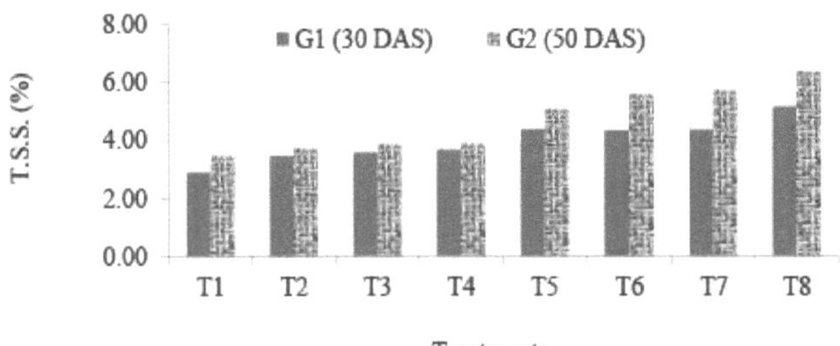

Fig. 4.14: Efeito de interação de [A] salinidade (S) X tratamentos (T), [B] estádios de crescimento (G) X tratamentos (T), [C] salinidade (S) X estádios de crescimento (G) no teor de açúcares solúveis totais (%) nos tecidos foliares do amendoim.

Tabela 4.7: Efeito de interação das combinações de salinidade [S], fases de crescimento [G] e tratamento [T] no teor de açúcares solúveis totais (%) nos tecidos foliares do amendoim.

Tratamento	Gi (30 DAS)		G2 (50 DAS)		Média
	S1 (Água da torneira)	S2 (4 CE)	SI (Água da torneira)	S2 (4 CE)	
Ti	2.54	3.27	3.10	3.89	3.20
T2	3.03	3.89	3.33	4.14	3.60
T3	3.14	4.03	3.59	4.16	3.73
T4	3.30	4.06	3.59	4.19	3.78

T5	3.88	4.89	4.69	5.48	4.73
T6	3.83	4.82	5.25	5.95	4.96
T7	3.87	4.83	5.36	6.09	5.04
T8	4.61	5.70	5.92	6.81	5.76
Média	3.53	4.43	4.35	5.09	-
S.Em+	**0.030**	**C.D. @ 5%**	**0.085**	**C.V. %**	**1.196**

Estes resultados estão de acordo com Kazemi (2013), que referiu que a salinidade aumenta o açúcar solúvel total nas plântulas de amendoim. Quase todos os processos metabólicos são afectados por défices hídricos. Os défices hídricos graves provocam uma diminuição da atividade enzimática. Os hidratos de carbono complexos e as proteínas são decompostos por enzimas em açúcares mais simples e aminoácidos, respetivamente (Reddy *et al.*, 2003).

4.2.5 Reduzir o açúcar

Os dados sobre açúcares redutores (%) analisados a partir de tecido foliar de amendoim colhido de plantas tratadas aos 20 DAS e 40 DAS com diferentes concentrações de ácido giberélico, nitrato de potássio, ácido silícico e suas combinações (T1 a T8) cultivadas num vaso irrigado com água de fita (S1) e água salina (S2) 4 CE em dois estágios diferentes G1 (30 DAS) e G2 (50 DAS) são apresentados na Fig. 4.15, 4.16 e Tabela 4.8.

O efeito médio do nível de salinidade, independentemente do tratamento com ácido giberélico, nitrato de potássio, ácido silícico e suas combinações e estágios de crescimento, ou seja, antes e depois da pulverização de ácido giberélico, nitrato de potássio, ácido silícico e suas combinações de tratamento, foi considerado estatisticamente significativo para a redução de açúcar (Fig. 4.15 A). Entre os níveis de salinidade, o tratamento S1 irrigado com água da torneira mostrou a menor quantidade de açúcar redutor (2,81 %), enquanto o vaso irrigado com água salina 4 EC (S2) mostrou o valor mais alto de açúcar redutor (3,30 %).

Entre os diferentes estágios, o valor médio de açúcar redutor variou significativamente entre 3,22% e 2,89% (Fig. 4.15 B). O conteúdo diminuiu de 30 DAS (3,22 %) para 50 DAS (2,89 %).

A aplicação de tratamentos de pulverização, incluindo ácido giberélico, nitrato de potássio, ácido silícico e a sua combinação, foi estatisticamente significativa (Fig. 4.15 C). O tratamento T8 [GA3 @ 100 ppm + KNO3 @ 500 ppm + ácido silícico @ 50 ppm] causou um aumento acentuado na redução de açúcar no tecido foliar do amendoim. Os tecidos obtidos de vasos de amendoim tratados com T8 [GA3 @ 100 ppm + KNO3 @ 500 ppm + ácido silícico @ 50 ppm] revelaram maior quantidade de açúcar redutor médio (4,34 %), seguido por T7 [GA3 @ 100 ppm + ácido silícico @ 50 ppm (3,70 %)] e T6 [KNO3 @ 500 ppm + ácido silícico @ 50 ppm (3,65 %)], independentemente do nível de salinidade e dos estágios de crescimento. O teor médio mais baixo foi registado para os tecidos recebidos de T1 (1,77 %).

O efeito de interação de S X T para açúcar redutor revelou diferenças significativas no tecido foliar do amendoim (Fig. 4.16 A). O valor mais alto do teor de açúcar redutor foi observado para o S2T8, ou seja, na planta irrigada com água salina combinada com GA3 @ 100 ppm + KNO3 @ 500 ppm + ácidos silícicos @ 50 ppm após 50 DAS (4,67 %). O valor mais baixo (1,56%) do teor de açúcar redutor foi observado na planta irrigada com água da torneira sob condição de controlo (S1T1).

O efeito de interação de G X T para reduzir o teor de açúcar revelou diferenças significativas no tecido foliar do amendoim (Fig. 4.16 B). O valor mais alto do conteúdo de açúcar redutor foi observado em G1T8, ou seja, na planta tratada com GA3 @ 100 ppm + KNO3 @ 500 ppm + ácido silícico @ 50 ppm após 30 DAS (4,48%). O valor mais baixo do teor de açúcares redutores foi observado no G2T1, ou seja, na planta em condição de controlo após 50 DAS (1,44 %).

O efeito da interação S X G para o teor de açúcares redutores revelou diferenças significativas no tecido foliar do amendoim (Fig. 4.16 C). O valor mais alto do teor de açúcares redutores foi observado em S2G1, ou seja, em plantas irrigadas com água salina (4 EC) após 30 DAS (3,44 %). O valor mais baixo do teor de açúcares redutores foi observado no S1G2 (2,63 %).

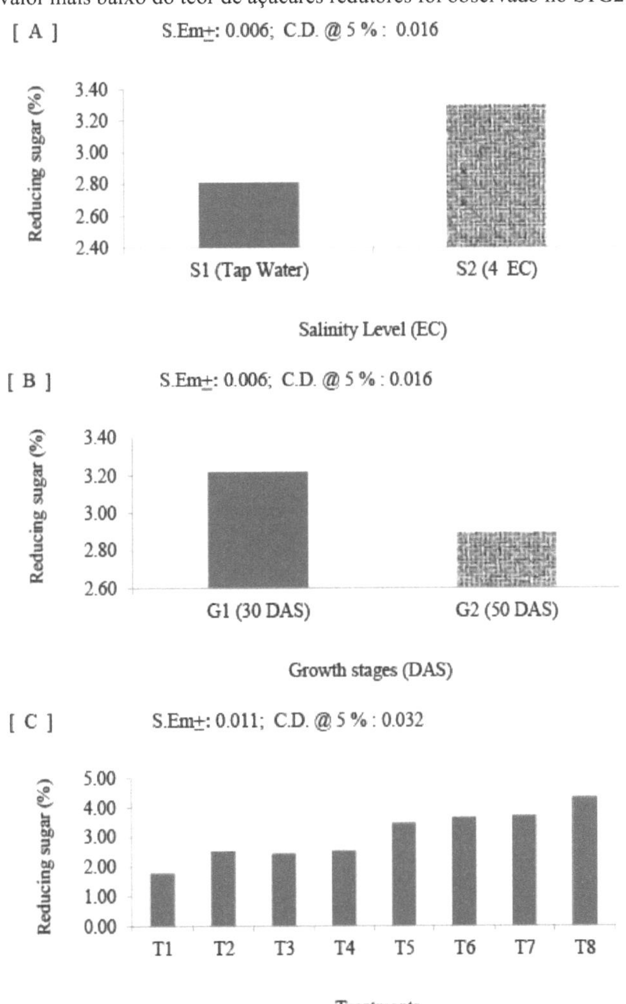

Fig. 4.15: Efeito médio de [A] salinidade (S), [B] estágios de crescimento (G) e [C] tratamentos (T) no teor de açúcar redutor (%) em tecidos foliares de amendoim.

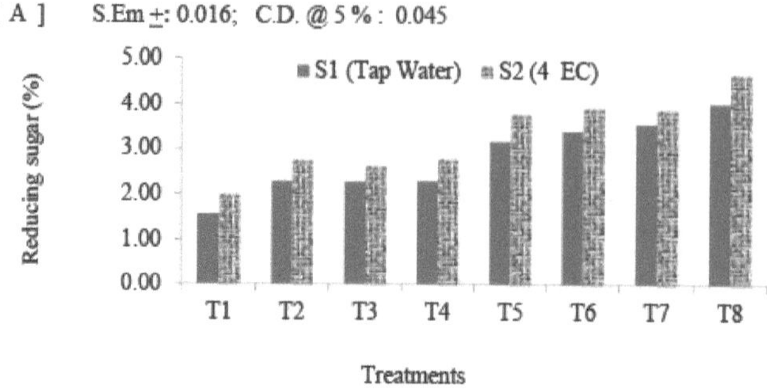

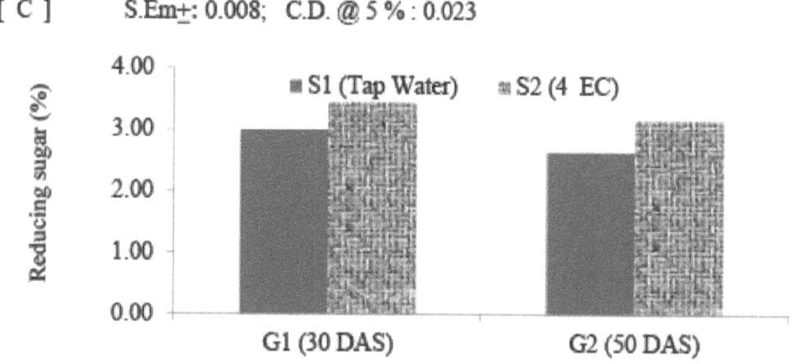

Fig. 4.16: Efeito de interação de [A] salinidade (S) X tratamentos (T), [B] estádios de crescimento (G) X tratamentos (T), [C] salinidade (S) X estádios de crescimento (G) no teor de açúcares redutores (%) nos tecidos foliares do amendoim.

Tabela 4.8: Efeito de interação das combinações de salinidade [S], estádios de crescimento [G] e tratamento [T] no teor de açúcares redutores (%) nos tecidos foliares do amendoim.

Tratamento	Gi (30 DAS)		G2 (50 DAS)		Média
	S1 (Água da torneira)	S2 (4 CE)	S1 (Água da torneira)	S2 (4 CE)	
Ti	1.97	2.24	1.14	1.74	1.77

T2	2.34	2.98	2.22	2.54	2.52
T3	2.40	2.72	2.12	2.52	2.44
T4	2.38	2.86	2.19	2.69	2.53
T5	3.24	3.85	3.09	3.70	3.47
T6	3.64	3.97	3.14	3.85	3.65
T7	3.87	4.03	3.21	3.70	3.70
T8	4.09	4.87	3.92	4.47	4.34
Média	2.99	3.44	2.63	3.15	-
S.Em+	**0.023**	**C.D. @ 5%**	**0.064**	**C.V. %**	**1.291**

O efeito de interação de S X G X T para reduzir o teor de açúcar foi encontrado para ser diferenças significativas no amendoim (Tabela 4.8). No entanto, o valor mais alto do teor de açúcar redutor foi observado na planta irrigada com água salina e na planta tratada com GA3 @ 100 ppm + KNO3 @ 500 ppm + ácido silícico @ 50 ppm após 30 DAS S2G1T8 (4,87 %). O valor mais baixo do teor de açúcar redutor foi observado na planta irrigada com água da torneira e na planta em condição de controlo após 50 DAS S1G2T1 (1,14 %).

Esses resultados estão de acordo com Sangeetha e Subramani (2014), que relataram que o aumento da salinidade reduz o teor de açúcar em mudas de amendoim.

4.2.6.1 Clorofila a

Os dados de clorofila a (mg.g^{-1}) analisados de folhas de amendoim coletadas de plantas tratadas aos 20 DAS e 40 DAS com diferentes concentrações de ácido giberélico, nitrato de potássio, ácido silícico e suas combinações (T1 a T8) cultivadas em vaso irrigado com água de cinta (S1) e água salina (S2) 4 EC em dois estágios diferentes G1 (30 DAS) e G2 (50 DAS) são apresentados na Fig. 4.17, 4.18 e Tabela 4.9.

O efeito médio do nível de salinidade, independentemente do tratamento com ácido giberélico, nitrato de potássio, ácido silícico e suas combinações e estágios de crescimento, ou seja, antes e depois da pulverização de ácido giberélico, nitrato de potássio, ácido silícico e suas combinações de tratamento, foi estatisticamente significativo para o conteúdo de clorofila a (Fig. 4.17 A). Entre os níveis de salinidade, o tratamento S1 irrigado com água da torneira mostrou a maior quantidade de conteúdo de clorofila a (3,75 mg.g^{-1}), enquanto o vaso irrigado com água salina 4 EC (S2) mostrou o menor valor para o conteúdo de clorofila a (3,21 mg.g^{-1}).

Entre as diferentes fases, o valor médio do teor de clorofila a variou significativamente entre 3,63 mg.g^{-1} e 3,34 mg.g^{-1} (Fig. 4.17 B). O teor aumentou a partir de 30 DAS (3,34 mg.g^{-1}) até 50 DAS (3,63 mg.g^{-1}).

O tratamento de ácido giberélico, nitrato de potássio, ácido silícico e sua combinação foi estatisticamente significativo (Fig. 4.17 C). O tratamento T8 [GA3 @ 100 ppm + KNO3 @ 500 ppm + ácido silícico @ 50 ppm] causou um aumento acentuado no conteúdo de clorofila a no tecido foliar do amendoim. Os tecidos obtidos de vasos de amendoim tratados com T8 [GA3 @ 100 ppm + KNO3 @ 500 ppm + ácido silícico @ 50 ppm] revelaram maior quantidade de conteúdo médio de clorofila a (4,26 mg.g^{-1}) e que foi seguido por T7 [GA3 @ 100 ppm + ácido silícico @ 50 ppm (3,75 mg.g^{-1})] e T6 [KNO3 @ 500 ppm + ácido silícico @ 50 ppm (3,68 mg.g^{-1})] independentemente do nível de salinidade e estágios de crescimento. O teor médio mais baixo foi registado nos tecidos recebidos de T1 (2,95 mg.g^{-1}).

O efeito de interação de S X T para o teor de clorofila a revelou diferenças significativas no tecido foliar do amendoim (Fig. 4.18 A). O valor mais alto do conteúdo de clorofila a foi observado para o S1T8, ou seja, na planta irrigada com água da torneira combinada com GA3 @ 100 ppm + KNO3 @ 500 ppm + ácidos silícicos @ 50 ppm (4,52 mg.g^{-1}). O valor mais baixo (2,65 mg.g^{-1}) do conteúdo de clorofila a foi observado na planta irrigada com água salina 4 EC sob condição de controlo (S2T1).

O efeito de interação de G X T para o conteúdo de clorofila a revelou diferenças significativas no tecido foliar do amendoim (Fig. 4.18 B). O valor mais alto do conteúdo de clorofila a foi observado em G2T8, ou seja, em plantas tratadas com GA3 @ 100 ppm + KNO3 @ 500 ppm + ácido silícico @ 50 ppm após 50 DAS (4,45 mg.g^{-1}). O valor mais baixo do conteúdo de clorofila a foi observado para G1T1, ou seja, a planta estava na condição de controlo após 30 DAS (2,78 mg.g^{-1}).

[A]   S.Em±: 0.047; C.D. @ 5 % : 0.132

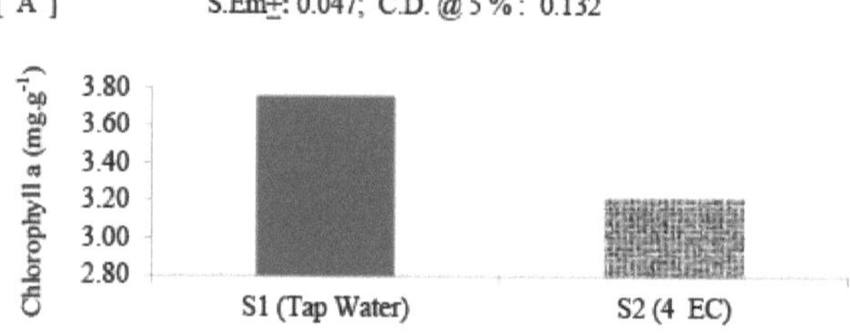

[B]   S.Em±: 0.047; C.D. @ 5 % : 0.132

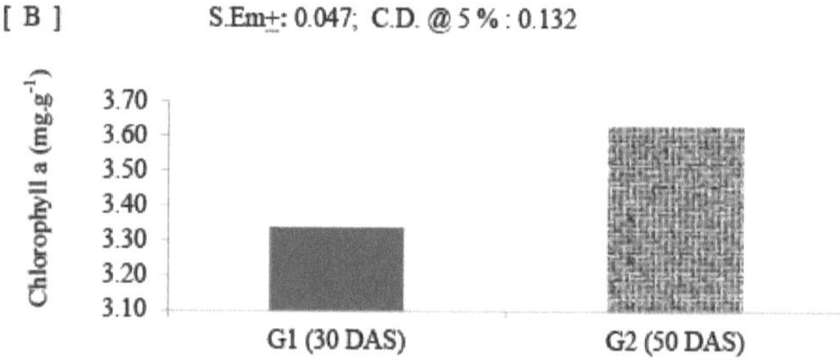

[C]   S.Em±: 0.093; C.D. @ 5 % : 0.263

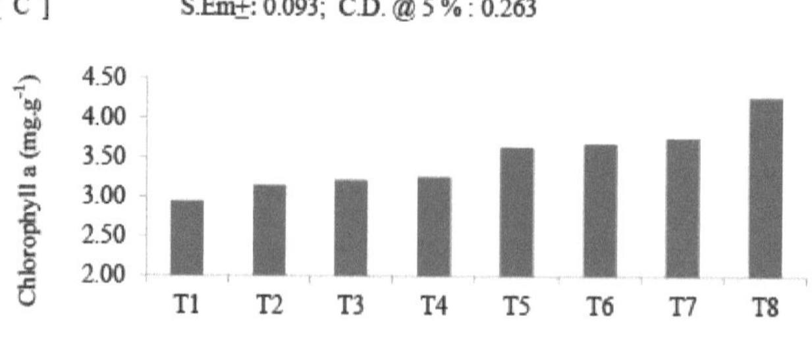

Fig. 4.17: Efeito médio de [A] salinidade (S), [B] estágios de crescimento (G) e [C] tratamentos (T) no conteúdo de clorofila a (mg.g-1) em folhas de amendoim.

[A] S.Em ±: 0.132; C.D. @ 5 % : 0.372

[B] S.Em±: 0.132; C.D. @ 5 % : 0.372

[C] S.Em±: 0.066; C.D. @ 5 % : NS

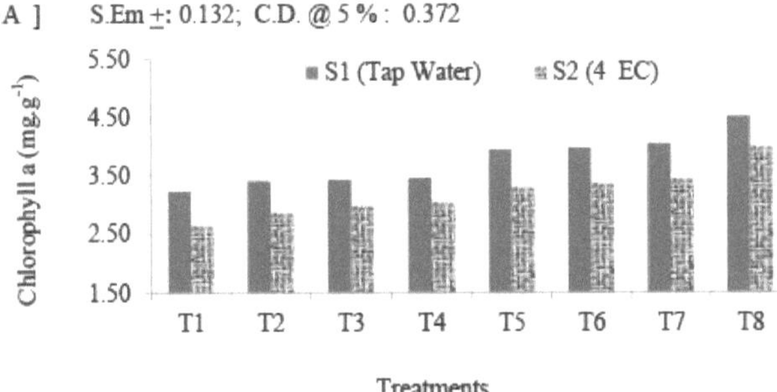

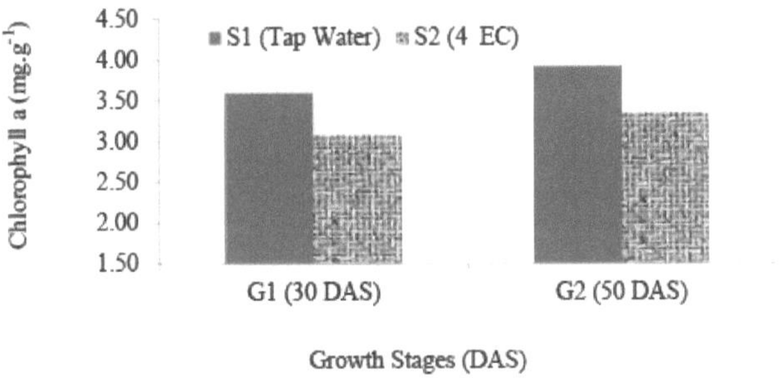

Fig. 4.18: Efeito de interação de [A] salinidade (S) X tratamentos (T), [B] estádios de crescimento (G) X tratamentos (T), [C] salinidade (S) X estádios de crescimento (G) no teor de clorofila a (mg.g-1) em folhas de amendoim.

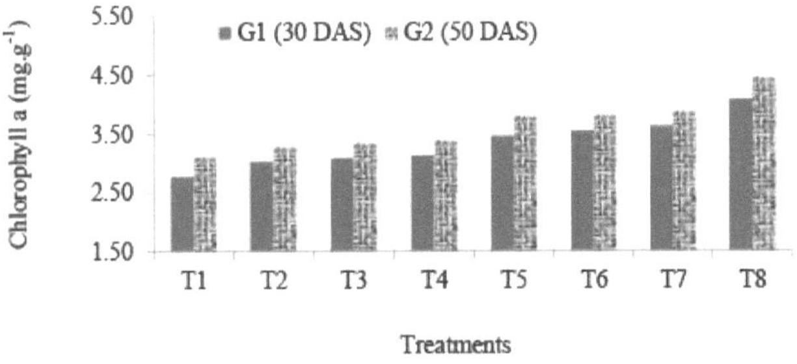

Tabela 4.9: Efeito de interação das combinações de salinidade [S], fases de crescimento [G] e tratamento [T] no teor de clorofila a ($mg.g^{-1}$) em folhas de amendoim.

Tratamento	Gi (30 DAS)		G2 (50 DAS)		Média
	S1 (Água da torneira)	S2 (4 CE)	S1 (Água da torneira)	S2 (4 CE)	
Ti	3.14	2.41	3.34	2.89	2.95

T2	3.26	2.78	3.57	2.98	3.15
T3	3.27	2.89	3.59	3.09	3.21
T4	3.29	2.97	3.64	3.12	3.26
T5	3.78	3.14	4.11	3.48	3.63
T6	3.84	3.23	4.12	3.51	3.68
T7	3.91	3.34	4.18	3.56	3.75
T8	4.25	3.89	4.78	4.12	4.26
Média	3.59	3.08	3.92	3.34	-
S.Em+	**0.186**	**C.D. @ 5%**	**0.528**	**C.V. %**	**5.283**

O efeito de interação de S X G para o conteúdo de clorofila a revelou diferenças não significativas no tecido foliar do amendoim (Fig. 4.18 C). O valor mais alto do conteúdo de clorofila a foi observado em S1G2, ou seja, em plantas irrigadas com água da torneira (condição de controlo) após 50 DAS (3,92 mg.g^{-1}). O valor mais baixo de clorofila a foi observado em S2G1 (3,08 mg.g^{-1}).

O efeito de interação de S X G X T para o conteúdo de clorofila a foi encontrado para ser diferenças significativas no tecido foliar do amendoim (Tabela 4.9). No entanto, o maior valor de conteúdo de clorofila a foi observado em plantas irrigadas com água de fita e plantas tratadas com GA3 @ 100 ppm + KNO3 @ 500 ppm + ácido silícico @ 50 ppm após 50 DAS S1G2T8 (4,78 mg.g^{-1}). O valor mais baixo do conteúdo de clorofila a foi observado na planta irrigada com água salina 4 EC e na planta em condição de controlo após 30 DAS S2G1T1 (2,41 mg.g^{-1}).

Estes resultados estão de acordo com Chakraborty *et al.* (2016), que relataram uma diminuição da clorofila a & b e da clorofila total em resposta ao stress da salinidade.

4.2.6.2 Clorofila b

Os dados sobre clorofila b (mg.g^{-1}) analisados de tecidos foliares de amendoim coletados de plantas tratadas aos 20 DAS e 40 DAS com diferentes concentrações de ácido giberélico, nitrato de potássio, ácido silícico e suas combinações (T1 a T8) cultivadas em vaso irrigado com água de fita (S1) e água salina (S2) 4 EC em dois estágios diferentes G1 (30 DAS) e G2 (50 DAS) são apresentados na Fig. 4.19, 4.20 e Tabela 4.10.

A observação média para o nível de salinidade, independentemente do tratamento com ácido giberélico, nitrato de potássio, ácido silícico e sua combinação e estágios de crescimento, ou seja, antes e depois da pulverização de ácido giberélico, nitrato de potássio, ácido silícico e sua combinação de tratamento, foi considerada estatisticamente significativa para o conteúdo de clorofila b (Fig. 4.19 A). Entre os níveis de salinidade, o tratamento S1 irrigado com água da torneira mostrou a maior quantidade de conteúdo de clorofila b (4,72 mg.g^{-1}), enquanto o vaso irrigado com água salina 4 EC (S2) mostrou o menor valor para o conteúdo de clorofila b (4,08 mg.g^{-1}).

Entre as diferentes fases, o valor médio do teor de clorofila b variou significativamente entre 4,47 mg.g^{-1} e 4,33 mg.g^{-1} (Fig. 4.19 B). O teor aumentou a partir de 30 DAS (4,33 mg.g^{-1}) até 50 DAS (4,47 mg.g^{-1}).

A imposição de tratamento de pulverização de ácido giberélico, nitrato de potássio, ácido silícico e sua combinação encontrou significância estatística (Fig. 4.19 C). O tratamento T8 [GA3 @ 100 ppm + KNO3 @ 500 ppm + ácido silícico @ 50 ppm] causou um aumento acentuado no conteúdo de clorofila b no tecido foliar do amendoim. Os tecidos obtidos de vasos de amendoim tratados com T8 [GA3 @ 100 ppm + KNO3 @ 500 ppm + ácido silícico @ 50 ppm] revelaram maior quantidade de conteúdo médio de clorofila b (5,22 mg.g^{-1}) e que foi seguido por T7 [GA3 @ 100 ppm + ácido silícico @ 50 ppm (4,61 mg.g^{-1})] e T6 [KNO3 @ 500 ppm + ácido silícico @ 50 ppm (4,55 mg.g^{-1})]] independentemente do nível de salinidade e estágios de crescimento. O teor médio mais baixo foi observado para os tecidos recebidos de T1 (3,96 mg.g^{-1}).

O efeito de interação de S X T para o teor de clorofila b revelou diferenças significativas no tecido foliar do amendoim (Fig. 4.20 A). O valor mais alto do conteúdo de clorofila b foi observado para o S1T8, ou seja, na planta irrigada com água da torneira combinada com GA3 @ 100 ppm + KNO3 @ 500 ppm + ácidos silícicos @ 50 ppm (5,51 mg.g^{-1}). O valor mais baixo (3,68 mg.g^{-1}) do conteúdo de clorofila b foi observado na planta irrigada com água salina 4 EC sob condição de controlo (S2T1).

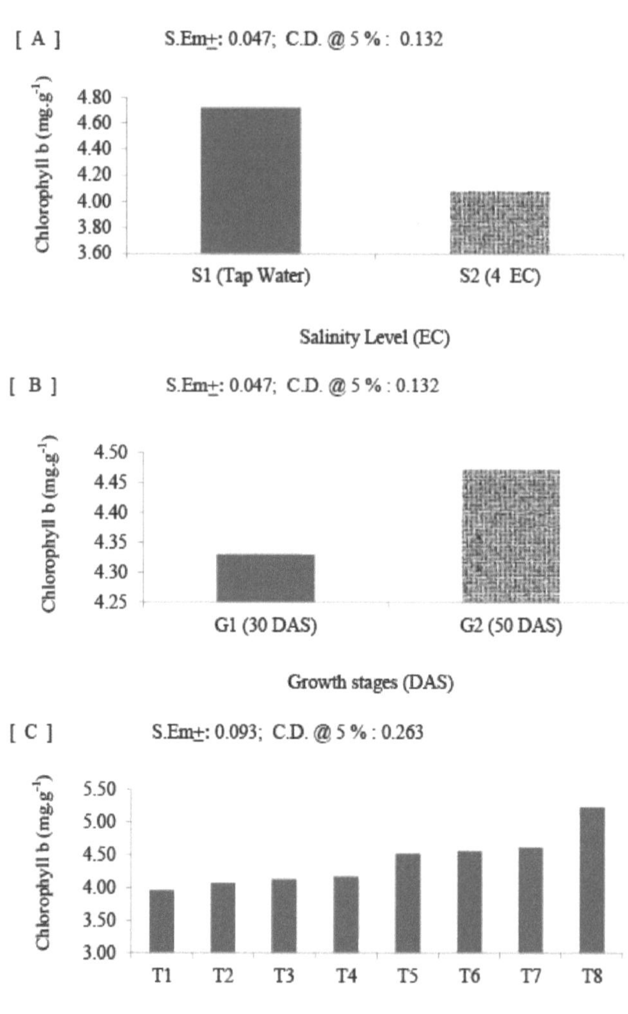

Fig. 4.19: Efeito médio de [A] salinidade (S), [B] estágios de crescimento (G) e [C] tratamentos (T) no conteúdo de clorofila b (mg.g-1) em folhas de amendoim.

68

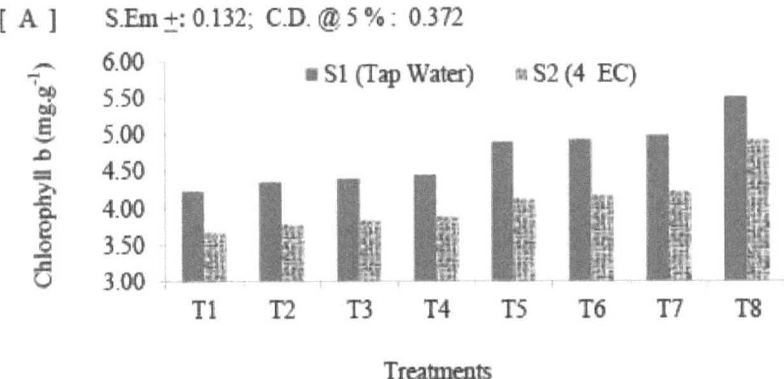

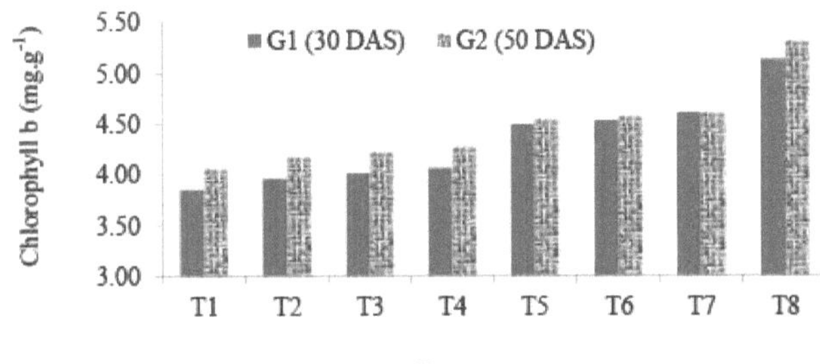

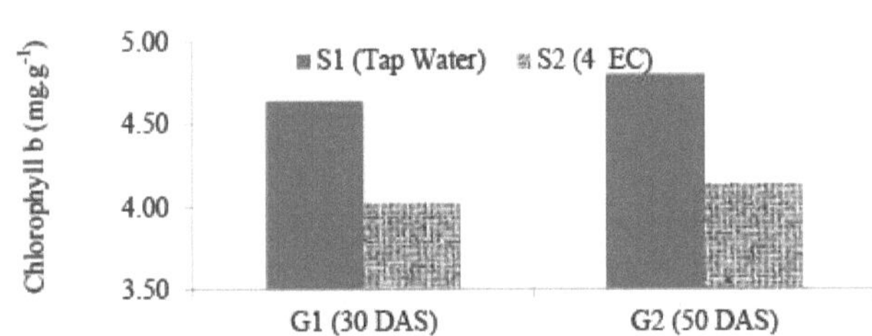

Fig. 4.20: Efeito de interação de [A] salinidade (S) X tratamentos (T), [B] estádios de crescimento (G) X tratamentos (T), [C] salinidade (S) X estádios de crescimento (G) no teor de clorofila b (mg.$_{g-1}$) em folhas de amendoim.

Tabela 4.10: Efeito de interação das combinações de salinidade [S], fases de crescimento [G] e tratamento [T] no teor de clorofila b (mg.g^{-1}) em folhas de amendoim.

Tratamento	G1 (30 DAS)		G2 (50 DAS)		Média
	S1 (Água da torneira)	S2 (4 CE)	S1 (Água da torneira)	S2 (4 CE)	
T1	4.12	3.57	4.35	3.78	3.96
T2	4.25	3.67	4.47	3.89	4.07
T3	4.29	3.74	4.51	3.94	4.12

T4	4.31	3.82	4.58	3.96	4.17
T5	4.89	4.09	4.91	4.17	4.52
T6	4.91	4.15	4.95	4.20	4.55
T7	4.98	4.23	4.99	4.22	4.61
T8	5.35	4.91	5.67	4.95	5.22
Média	4.64	4.02	4.80	4.14	-
S.Em+	**0.186**	**C.D. @ 5%**	**0.528**	**C.V. %**	**5.283**

O efeito de interação de G X T para o conteúdo de clorofila b mostrou diferenças significativas no tecido foliar do amendoim (Fig. 4.20 B). O valor mais alto de conteúdo de clorofila b foi observado em G2T8 i.e. na planta tratada com GA3 @ 100 ppm + KNO3 @ 500 ppm + ácido silícico @ 50 ppm após 50 DAS (5.31 mg.g^{-1}). O valor mais baixo do conteúdo de clorofila b foi observado para G1T1, ou seja, a planta estava na condição de controlo após 30 DAS (3,85 mg.g^{-1}).

O efeito de interação de S X G para o conteúdo de clorofila b foi observado sem diferenças significativas no tecido foliar do amendoim (Fig. 4.20 C). O maior valor de teor de clorofila b foi observado em S1G2, ou seja, em plantas irrigadas com água da torneira (condição de controlo) após 50 DAS (4,80 mg.g^{-1}). O valor mais baixo de clorofila b foi observado em S2G1 (4,02 mg.g^{-1}).

O efeito da interação S X G X T para o conteúdo de clorofila b não apresentou diferenças significativas no tecido foliar do amendoim (Tabela 4.10). No entanto, o maior valor de conteúdo de clorofila b foi observado em plantas irrigadas com água de fita e plantas tratadas com GA3 @ 100 ppm + KNO3 @ 500 ppm + ácido silícico @ 50 ppm após 50 DAS S1G2T8 (5,67 mg.g^{-1}). O valor mais baixo do conteúdo de clorofila b foi observado na planta irrigada com água salina 4 EC e na planta em condição de controlo após 30 DAS S2G1T1 (3,57 mg.g^{-1}).

Estes resultados estão de acordo com Chakraborty *et al.* (2016), que relataram uma diminuição da clorofila a & b e da clorofila total em resposta ao stress da salinidade.

4.2.6.3 Clorofila total

Os dados sobre clorofila total (mg.g^{-1}) analisados de tecidos foliares de amendoim coletados de plantas tratadas aos 20 DAS e 40 DAS com diferentes concentrações de ácido giberélico, nitrato de potássio, ácido silícico e suas combinações (T1 a T8) cultivadas em vaso irrigado com água de fita (S1) e água salina (S2) 4 EC em dois estágios diferentes G1 (30 DAS) e G2 (50 DAS) são apresentados na Fig. 4.21, 4.20 e Tabela 4.11.

O efeito médio do nível de salinidade, independentemente do tratamento com ácido giberélico, nitrato de potássio, ácido silícico e suas combinações e estágios de crescimento, ou seja, antes e depois da pulverização de ácido giberélico, nitrato de potássio, ácido silícico e suas combinações de tratamento, foi estatisticamente significativo para o conteúdo total de clorofila (Fig. 4.21 A). Entre os níveis de salinidade, o tratamento S1 irrigado com água da torneira mostrou a maior quantidade de conteúdo de clorofila total (7,07 mg.g^{-1}), enquanto o vaso irrigado com água salina 4 EC (S2) mostrou o menor valor para o conteúdo de clorofila total (6,45 mg.g^{-1}).

Entre as diferentes fases, o valor médio do teor de clorofila total variou significativamente entre 6,97 mg.g^{-1} e 6,55 mg.g^{-1} (Fig. 4.21 B). O teor aumentou a partir de 30 DAS (6,55 mg.g^{-}

¹) até 50 DAS (6,97 mg.g⁻¹).

A imposição de tratamentos de pulverização de ácido giberélico, nitrato de potássio, ácido silícico e sua combinação foi estatisticamente significativa (Fig. 4.21 C). O tratamento T8 [GA3 @ 100 ppm + KNO3 @ 500 ppm + ácido silícico @ 50 ppm] causou um aumento acentuado no conteúdo total de clorofila no tecido foliar do amendoim. Os tecidos obtidos de vasos de amendoim tratados com T8 [GA3 @ 100 ppm + KNO3 @ 500 ppm + ácido silícico @ 50 ppm] revelaram maior quantidade de conteúdo médio de clorofila total (7,63 mg.g⁻¹) e que foi seguido por T7 [GA3 @ 100 ppm + ácido silícico @ 50 ppm (7,11 mg.g⁻¹)] e T6 [KNO3 @ 500 ppm + ácido silícico @ 50 ppm (7,08 mg.g⁻¹)] independentemente do nível de salinidade e estágios de crescimento. O teor médio mais baixo foi observado para os tecidos recebidos de T1 (6,12 mg.g⁻¹).

[A]   S.Em±: 0.047; C.D. @ 5 % : 0.132

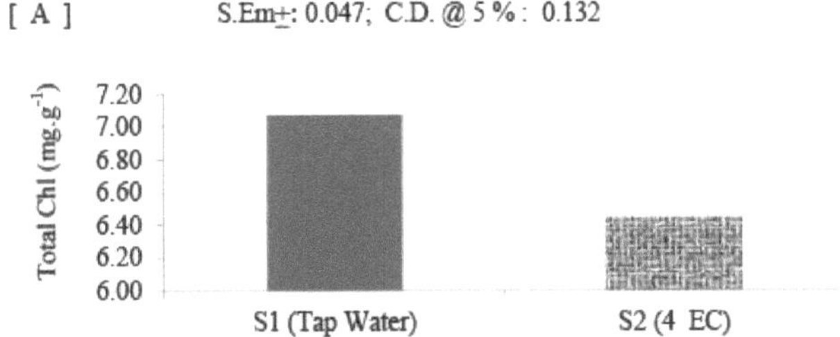

[B]   S.Em±: 0.047; C.D. @ 5 % : 0.132

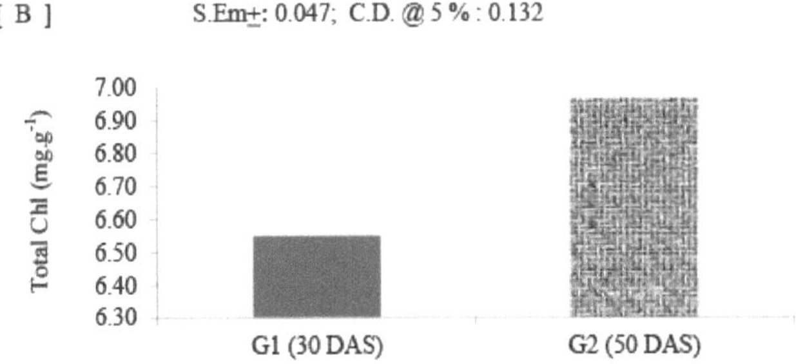

[C]   S.Em±: 0.093; C.D. @ 5 % : 0.263

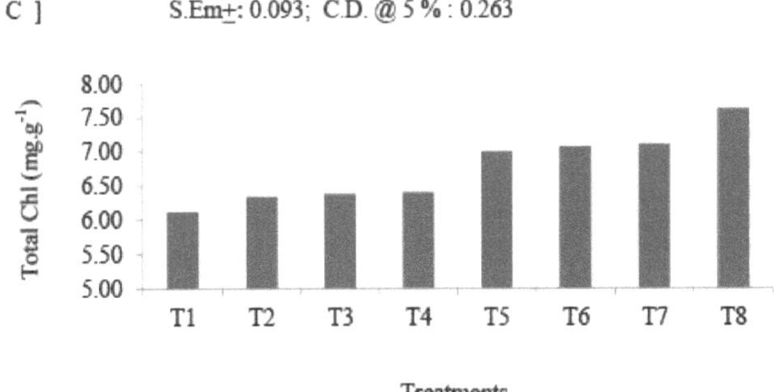

Fig. 4.21: Efeito médio de [A] salinidade (S), [B] estágios de crescimento (G) e [C] tratamentos (T) no conteúdo total de clorofila (mg.g-1) em folhas de amendoim.

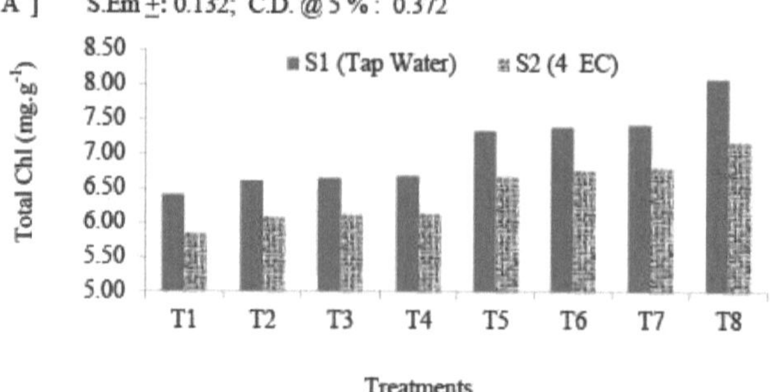

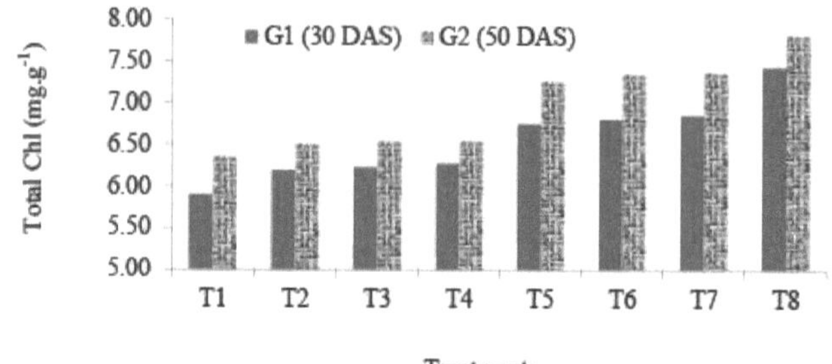

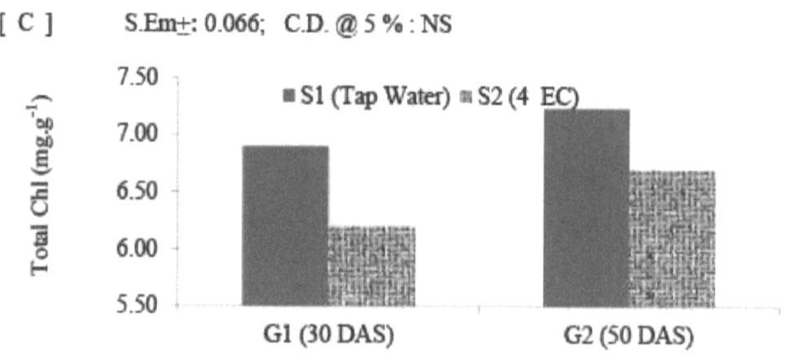

Fig. 4.22: Efeito de interação de [A] salinidade (S) X tratamentos (T), [B] estádios de crescimento (G) X tratamentos (T), [C] salinidade (S) X estádios de crescimento (G) no teor total de clorofila (mg.g-1) em folhas de amendoim.

O efeito de interação de S X T para o conteúdo total de clorofila revelou diferenças significativas no tecido foliar do amendoim (Fig. 4.22 A). O valor mais alto do conteúdo total de clorofila foi observado para o S1T8, ou seja, na planta irrigada com água da torneira combinada com GA3 @ 100 ppm + KNO3 @ 500 ppm + ácidos silícicos @ 50 ppm (8,08 mg.g⁻¹). O valor mais baixo (5,84 mg.g⁻¹) do conteúdo total de clorofila foi observado na planta irrigada com água salina 4 EC sob condição de controlo (s₂T₁).

O efeito de interação de G X T para o conteúdo total de clorofila revelou diferenças significativas no tecido foliar do amendoim (Fig. 4.22 B). O valor mais alto do conteúdo de clorofila total foi observado em G2T8, ou seja, em plantas tratadas com GA3 @ 100 ppm + KNO3 @ 500 ppm + ácido silícico @ 50 ppm após 50 DAS (7,82 mg.g^{-1}). O valor mais baixo do conteúdo total de clorofila foi observado para G1T1, ou seja, a planta estava na condição de controlo após 30 DAS (5,90 mg.g^{-1}).

O efeito de interação de S X G para o teor de clorofila total revelou diferenças não significativas no tecido foliar do amendoim (Fig. 4.22 C). O valor mais alto do conteúdo de clorofila total foi observado em S1G2, ou seja, em plantas irrigadas com água da torneira (condição de controlo) após 50 DAS (7,23 mg.g^{-1}). O valor mais baixo de clorofila total foi observado em S2G1 (6,20 mg.g^{-1}).

Tabela 4.11: Efeito de interação das combinações de salinidade [S], fases de crescimento [G] e tratamento [T] no teor total de clorofila (mg.g^{-1}) em folhas de amendoim.

Tratamento	Gi (30 DAS)		G2 (50 DAS)		Média
	S1 (Água da torneira)	S2 (4 CE)	S1 (Água da torneira)	S2 (4 CE)	
T1	6.23	5.56	6.58	6.12	6.12
T2	6.45	5.91	6.76	6.25	6.34
T3	6.51	5.94	6.78	6.29	6.38
T4	6.57	5.97	6.79	6.30	6.41
T5	7.12	6.36	7.54	6.98	7.00
T6	7.19	6.41	7.58	7.12	7.08
T7	7.23	6.47	7.60	7.14	7.11
T8	7.91	6.95	8.24	7.40	7.63
Média	6.90	6.20	7.23	6.70	-
S.Em+	0.186	C.D. @ 5%	0.528	C.V. %	5.283

O efeito de interação de S X G X T para o conteúdo total de clorofila foi encontrado para ser diferenças significativas no tecido foliar do amendoim (Tabela 4.11). No entanto, o maior valor de conteúdo de clorofila total foi observado em plantas irrigadas com água de fita e plantas tratadas com GA3 @ 100 ppm + KNO3 @ 500 ppm + ácido silícico @ 50 ppm após 50 DAS S1G2T8 (8,24 mg.g^{-1}). O valor mais baixo do conteúdo total de clorofila foi observado na planta irrigada com água salina 4 EC e na planta em condição de controlo após 30 DAS S2G1T1 (5,56 mg.g^{-1}).

Estes resultados estão de acordo com Chakraborty *et al.* (2016), que relataram uma diminuição da clorofila a & b e da clorofila total em resposta ao stress da salinidade.

4.2.7 Carotenóides

Os dados sobre carotenóides (mg.g^{-1}) analisados a partir de tecidos foliares de amendoim colhidos de plantas tratadas aos 20 DAS e 40 DAS com diferentes concentrações de ácido giberélico, nitrato de potássio, ácido silícico e suas combinações (T1 a T8) cultivadas num vaso irrigado com água de fita (s1) e água salina (s2) 4 EC em dois estágios diferentes G1 (30 DAS) e G2 (50 DAS) são apresentados na Fig. 4.23, 4.24 e Tabela 4.12.

A observação média para o nível de salinidade, independentemente do tratamento com ácido giberélico, nitrato de potássio, ácido silícico e sua combinação e estágios de crescimento, ou seja, antes e depois da pulverização de ácido giberélico, nitrato de potássio, ácido silícico e sua combinação de tratamento, foi considerada estatisticamente significativa para o conteúdo de carotenóides (Fig. 4.23 A). Entre os níveis de salinidade, o tratamento S1 irrigado com água da torneira mostrou a maior quantidade de conteúdo total de carotenóides (6,49 mg.g^{-1}), enquanto o vaso irrigado com água salina 4 EC (s2) mostrou o menor valor para o conteúdo de carotenóides (5,73 mg.g^{-1}).

Entre as diferentes fases, o valor médio do teor de carotenóides variou significativamente entre 6,64 mg.g^{-1} e 5,58 mg.g^{-1} (Fig. 4.23 B). O teor aumentou a partir de 30 DAS (5,58 mg.g^{-1}) até 50 DAS (6,64 mg.g^{-1}).

A imposição de tratamento por pulverização de ácido giberélico, nitrato de potássio, ácido silícico e a combinação destes foi estatisticamente significativa (Fig. 4.23 C). O tratamento T8 [GA3 @ 100 ppm + KNO3 @ 500 ppm + ácido silícico @ 50 ppm] causou um aumento acentuado no conteúdo total de carotenóides no tecido foliar do amendoim. Os tecidos obtidos de vasos de amendoim tratados com T8 [GA3 @ 100 ppm + KNO3 @ 500 ppm + ácido silícico @ 50 ppm] revelaram maior quantidade de conteúdo médio de carotenóides (7,26 mg.g^{-1}) e que foi seguido por t7 [GA3 @ 100 ppm + ácido silícico @ 50 ppm (6,53 mg.g^{-1})] e T6 [KNO3 @ 500 ppm + ácido silícico @ 50 ppm (6,26 mg.g^{-1})], independentemente do nível de salinidade e dos estágios de crescimento. O teor médio mais baixo foi observado para os tecidos recebidos de t1 (5,21 mg.g^{-1}).

O efeito de interação de S X T para o conteúdo total de carotenóides revelou diferenças significativas no tecido foliar do amendoim (Fig. 4.24 A). O maior valor de conteúdo total de carotenóides foi observado para o S1T8, ou seja, em plantas irrigadas com água da torneira combinada com GA3 @ 100 ppm + KNO3 @ 500 ppm + ácidos silícicos @ 50 ppm (7,58 mg.g^{-1}). O valor mais baixo (4,74 mg.g^{-1}) do conteúdo de carotenóides foi observado na planta irrigada com água salina 4 EC sob condição de controlo (s2t1).

O efeito de interação de G X T para o conteúdo total de carotenóides revelou diferenças significativas no tecido foliar do amendoim (Fig. 4.24 B). O valor mais alto de conteúdo total de carotenóides foi observado em G2T8 i.e. na planta tratada com GA3 @ 100 ppm + KNO3 @ 500 ppm + ácido silícico @ 50 ppm após 50 DAS (7.91 mg.g^{-1}). O valor mais baixo do conteúdo de carotenóides foi observado para G1T1, ou seja, a planta estava na condição de controlo após 30 DAS (4,71 mg.g^{-1}).

O efeito de interação de S X G para o conteúdo total de carotenóides revelou diferenças não significativas no tecido foliar do amendoim (Fig. 4.24 C). O maior valor de conteúdo de carotenóides foi observado em S1G2 i.e. em plantas irrigadas com água da torneira (condição de controlo) após 50 DAS (7.07 mg.g^{-1}). O valor mais baixo de carotenóides foi observado em S2G1 (5,25 mg.g^{-1}).

O efeito de interação de S X G X T para o conteúdo total de carotenóides foi encontrado para ser diferenças significativas no tecido foliar do amendoim (Tabela 4.12). No entanto, o maior valor de conteúdo de carotenóides foi observado em plantas irrigadas com água de fita e plantas tratadas com GA3 @ 100 ppm + KNO3 @ 500 ppm + ácido silícico @ 50 ppm após 50 DAS S1G2T8 (8,16 mg.g^{-1}). O valor mais baixo do conteúdo de carotenóides foi observado na planta irrigada com água salina 4 EC e na planta em condição de controlo após 30 DAS S2G1T1 (4,29 mg.g^{-1}).

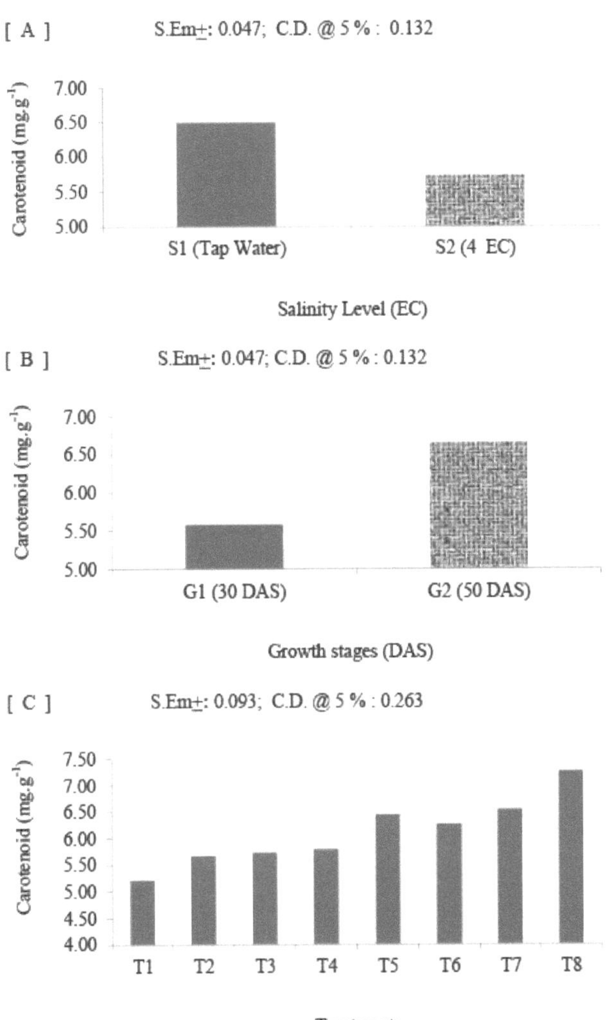

Fig. 4.23: Efeito médio de [A] salinidade (S), [B] estágios de crescimento (G) e [C] tratamentos (T) no conteúdo de carotenóides (mg.g-1) em folhas de amendoim.

75

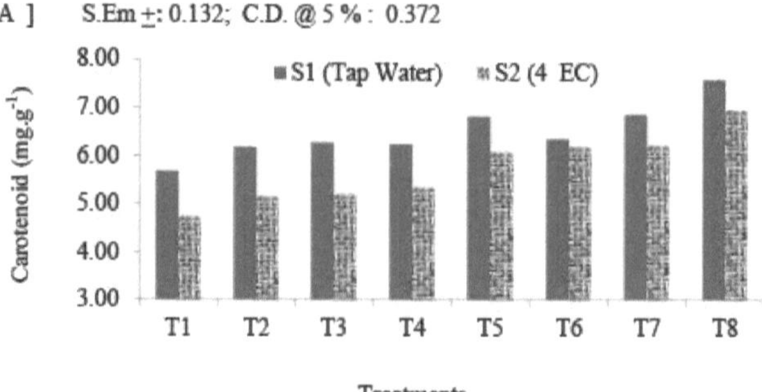

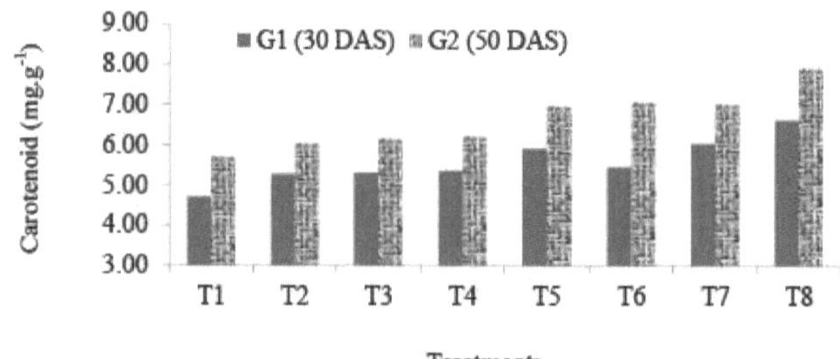

Fig. 4.24: Efeito de interação de [A] salinidade (S) X tratamentos (T), [B] estádios de crescimento (G) X tratamentos (T), [C] salinidade (S) X estádios de crescimento (G) no teor de carotenóides (mg.g-1) em folhas de amendoim.

Tabela 4.12: Efeito de interação das combinações de salinidade [S], estádios de crescimento [G] e tratamento [T] no teor de carotenóides (mg.g^{-1}) em folhas de amendoim.

Tratamento	Gi (30 DAS)		G2 (50 DAS)		Média
	S1 (Água da torneira)	S2 (4 CE)	S1 (Água da torneira)	S2 (4 CE)	
Ti	5.13	4.29	6.24	5.19	5.21
T2	5.76	4.78	6.57	5.53	5.66

	5.75	4.82	6.76	5.58	5.73
T3	5.75	4.82	6.76	5.58	5.73
T4	5.74	4.96	6.72	5.73	5.79
T5	6.26	5.54	7.35	6.61	6.44
T6	5.29	5.59	7.38	6.76	6.26
T7	6.30	5.77	7.39	6.67	6.53
T8	6.99	6.23	8.16	7.67	7.26
Média	5.90	5.25	7.07	6.22	-
S.Em+	**0.186**	**C.D. @ 5%**	**0.528**	**C.V. %**	**5.283**

Estes resultados estão de acordo com Gobinathan *et al.* (2011), que relataram uma diminuição dos teores de clorofila a & b e de clorofila total e carotenóides em resposta ao stress da salinidade.

4.2.8 Prolina

Os dados sobre prolina (mg.g^{-1}) analisados a partir de tecidos foliares de amendoim recolhidos de plantas tratadas aos 20 DAS e 40 DAS com diferentes concentrações de ácido giberélico, nitrato de potássio, ácido silícico e a sua combinação (T1 a T8) cultivadas num vaso irrigado com água de fita (S1) e água salina (S2) 4 EC em duas fases diferentes G1 (30 DAS) e G2 (50 DAS) são apresentados na Fig. 4.25, 4.26 e Tabela 4.13.

Os dados médios do nível de salinidade, independentemente do tratamento com ácido giberélico, nitrato de potássio, ácido silícico e sua combinação e estágios de crescimento, ou seja, antes e depois da pulverização de ácido giberélico, nitrato de potássio, ácido silícico e sua combinação de tratamento, foram considerados estatisticamente significativos para a prolina (Fig. 4.25 A). Entre os níveis de salinidade, o tratamento S1 irrigado com água da torneira apresentou a menor quantidade de prolina (2,99 mg.g^{-1}), enquanto o vaso irrigado com água salina 4 EC (S2) apresentou o maior valor de prolina (3,98 mg.g^{-1}). Em comparação com S1 (água da torneira), 33,11% do conteúdo de prolina foi aumentado em S2 (4 EC).

Entre as diferentes fases, o valor médio de prolina variou significativamente entre 3,77 mg.g^{-1} e 3,20 mg.g^{-1} (Fig. 4.25 B). O conteúdo diminuiu de 30 DAS (3,77 mg.g^{-1}) para 50 DAS (3,20 mg.g^{-1}).

O tratamento de pulverização de ácido giberélico, nitrato de potássio, ácido silícico e a combinação destes encontraram significância estatística (Fig. 4.25 C). O tratamento T8 [GA3 @ 100 ppm + KNO3 @ 500 ppm + ácido silícico @ 50 ppm] causou um aumento acentuado de prolina no tecido foliar do amendoim. Os tecidos obtidos de vasos de amendoim tratados com T8 [GA3 @ 100 ppm + KNO3 @ 500 ppm + ácido silícico @ 50 ppm] revelaram maior quantidade de prolina média (4,73 mg.g^{-1}) e que foi seguido por T7 [GA3 @ 100 ppm + ácido silícico @ 50 ppm (4,02 mg.g^{-1})] e T6 [KNO3 @ 500 ppm + ácido silícico @ 50 ppm (3,94 mg.g^{-1})] independentemente do nível de salinidade e estágios de crescimento. O teor médio mais baixo foi observado para os tecidos recebidos de T1 (2,22 mg.g^{-1}).

O efeito de interação de S X T para a prolina revelou diferenças significativas no tecido foliar do amendoim (Fig. 4.26 A). O valor mais alto de conteúdo de prolina foi observado para o S2T8 i.e. na planta irrigada com água salina combinada com GA3 @ 100 ppm + KNO3 @ 500 ppm + ácidos silícicos @ 50 ppm após 50 DAS (5.33 mg.g^{-1}). O valor mais baixo (1,73 mg.g^{-1}) do conteúdo de prolina foi observado na planta irrigada com água da torneira sob condição de controlo (S1T1).

O efeito da interação G X T para o conteúdo de prolina revelou diferenças significativas no tecido foliar do amendoim (Fig. 4.26 B). O valor mais alto do conteúdo de prolina foi observado em G1T8, ou seja, na planta tratada com GA3 @ 100 ppm + KNO3 @ 500 ppm + ácido silícico @ 50 ppm após 30 DAS (4,91 mg.g^{-1}). O valor mais baixo do conteúdo de prolina foi observado para G2T1, ou seja, a planta estava na condição de controlo após 50 DAS (2,01 mg.g^{-1}).

O efeito da interação S X G para o conteúdo de prolina mostrou diferenças significativas (Fig. 4.26 C). O valor mais alto de conteúdo de prolina foi observado em S2G1 i.e. em plantas irrigadas com água salina 4 EC após 30 DAS (4.28 mg.g^{-1}). O valor mais baixo do teor de prolina foi observado em S1G2 (2,72 mg.g^{-1}).

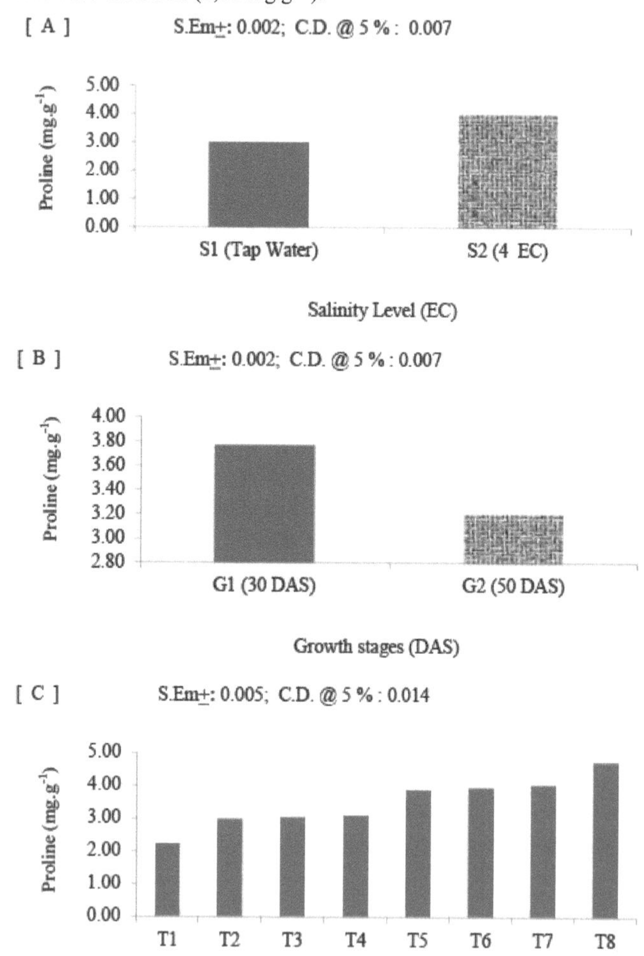

Fig. 4.25: Efeito médio de [A] salinidade (S), [B] estágios de crescimento (G) e [C] tratamentos (T) no conteúdo de prolina (mg.g-1) em tecidos foliares de amendoim.

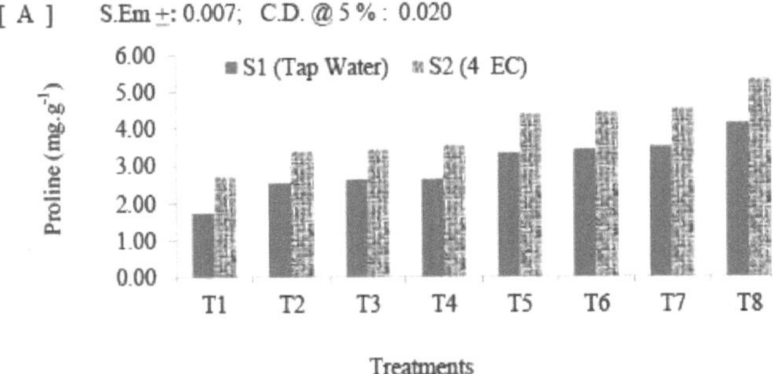

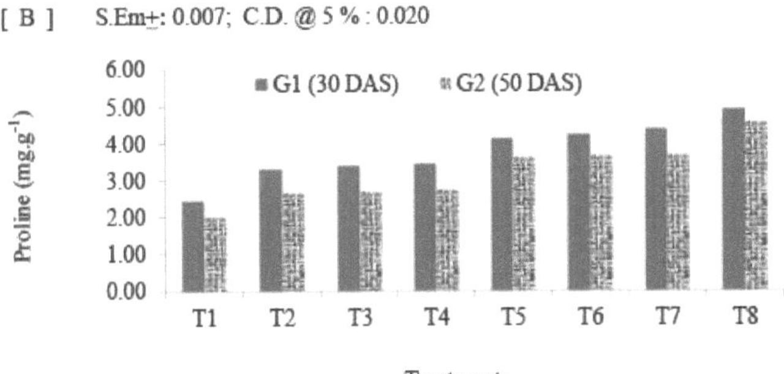

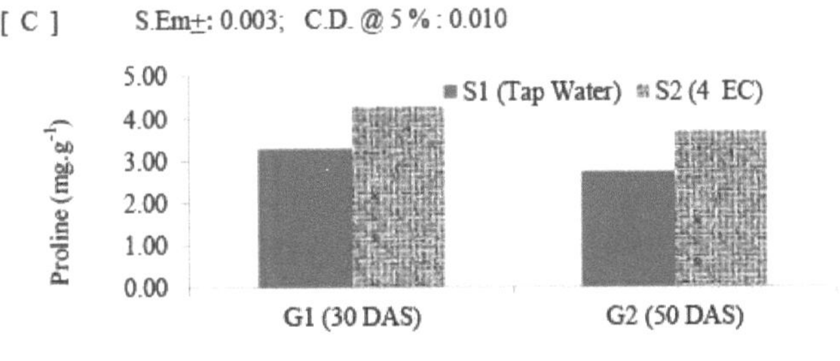

Fig. 4.26: Efeito de interação de [A] salinidade (S) X tratamentos (T), [B] estádios de crescimento (G) X tratamentos (T), [C] salinidade (S) X estádios de crescimento (G) no teor de prolina (mg.g-1) em tecidos foliares de amendoim.

Tabela 4.13: Efeito de interação das combinações de salinidade [S], estádios de crescimento [G] e tratamento [T] no teor de prolina (mg.g^{-1}) nos tecidos foliares do amendoim.

Tratamento	Gi (30 DAS)		G2 (50 DAS)		Média
	S1 (Água da torneira)	S2 (4 CE)	S1 (Água da torneira)	S2 (4 CE)	
Ti	1.98	2.89	1.48	2.55	2.22
T2	2.88	3.70	2.22	3.12	2.98
T3	2.99	3.78	2.26	3.12	3.04

79

T4	3.00	3.88	2.28	3.22	3.09
T5	3.56	4.69	3.11	4.11	3.87
T6	3.68	4.78	3.18	4.12	3.94
T7	3.79	4.96	3.23	4.12	4.02
T8	4.25	5.56	4.03	5.09	4.73
Média	3.27	4.28	2.72	3.68	-
S.Em+	**0.010**	**C.D. @ 5%**	**0.028**	**C.V. %**	**0.487**

O efeito de interação de S X G X T para o conteúdo de prolina foi encontrado para ser diferenças significativas no amendoim (Tabela 4.13). No entanto, o maior valor de conteúdo de prolina foi observado em plantas irrigadas com água salina e plantas tratadas com GA3 @ 100 ppm + KNO3 @ 500 ppm + ácido silícico @ 50 ppm após 30 DAS S2G1T8 (5,56 mg.g^{-1}). O valor mais baixo do conteúdo de prolina foi observado na planta irrigada com água da torneira e na planta em condição de controlo após 50 DAS S1G2T1 (1,48 mg.g^{-1}).

Estes resultados estão de acordo com Nithila *et al.* (2013), que referiram que a salinidade aumenta o teor de prolina nas plântulas de amendoim. Girija *et al.* (2001) também revelaram a mesma tendência.

4.2.9 Glicina betaína

Os dados sobre glicina betaína (mg.g^{-1}) analisados a partir de tecidos foliares de amendoim colhidos de plantas tratadas aos 20 DAS e 40 DAS com diferentes concentrações de ácido giberélico, nitrato de potássio, ácido silícico e suas combinações (T1 a T8) cultivadas num vaso irrigado com água de fita (S1) e água salina (S2) 4 EC em dois estágios diferentes G1 (30 DAS) e G2 (50 DAS) são apresentados na Fig. 4.27, 4.28 e Tabela 4.14.

O efeito médio do nível de salinidade, independentemente do tratamento com ácido giberélico, nitrato de potássio, ácido silícico e suas combinações e estágios de crescimento, ou seja, antes e depois da pulverização de ácido giberélico, nitrato de potássio, ácido silícico e suas combinações de tratamento, foi estatisticamente significativo para a glicina betaína (Fig. 4.27 A). Entre os níveis de salinidade, o tratamento S1 irrigado com água da torneira mostrou a menor quantidade de glicina betaína (3,37 mg.g^{-1}) enquanto o vaso irrigado com água salina 4 EC (S2) mostrou o maior valor para glicina betaína (4,10 mg.g^{-1}).

Entre as diferentes fases, o valor médio da glicina betaína variou significativamente entre 4,14 mg.g^{-1} e 3,32 mg.g^{-1} (Fig. 4.27 B). O conteúdo aumentou de 30 DAS (3,32 mg.g^{-1}) para 50 DAS (4,14 mg.g^{-1}).

Os tratamentos com ácido giberélico, nitrato de potássio, ácido silícico e suas combinações apresentaram significância estatística (Fig. 4.27 C). O tratamento T8 [GA3 @ 100 ppm + KNO3 @ 500 ppm + ácido silícico @ 50 ppm] causou um aumento acentuado na glicina betaína no tecido foliar do amendoim. Os tecidos obtidos de vasos de amendoim tratados com T8 [GA3 @ 100 ppm + KNO3 @ 500 ppm + ácido silícico @ 50 ppm] revelaram maior quantidade média de glicina betaína (4,97 mg.g^{-1}) e que foi seguido por T7 [GA3 @ 100 ppm + ácido silícico @ 50 ppm (4,12 mg.g^{-1})] e T6 [KNO3 @ 500 ppm + ácido silícico @ 50 ppm (4,11 mg.g^{-1})] independentemente do nível de salinidade e estágios de crescimento. O teor médio mais baixo foi observado para os tecidos recebidos de T1 (2,59 mg.g^{-1}).

O efeito de interação de S X T para a glicina betaína revelou diferenças significativas no tecido foliar do amendoim (Fig. 4.28 A). O maior valor do conteúdo de glicina betaína foi observado para o S2T8, ou seja, em plantas irrigadas com água salina combinada com GA3 @ 100 ppm + KNO3 @ 500 ppm + ácidos silícicos @ 50 ppm após 50 DAS (5,39 mg.g^{-1}). O valor mais baixo (2,21 mg.g^{-1}) do conteúdo de glicina betaína foi observado na planta irrigada com água da torneira sob condição de controlo (s1T1).

O efeito de interação de G X T para o conteúdo de glicina betaína revelou diferenças significativas no tecido foliar do amendoim (Fig. 4.28 B). O valor mais alto do conteúdo de glicina betaína foi observado em G2T8, ou seja, em plantas tratadas com GA3 @ 100 ppm + KNO3 @ 500 ppm + ácido silícico @ 50 ppm após 50 DAS (5,52 mg.g^{-1}). O valor mais baixo do conteúdo de glicina betaína foi observado para G1T1, ou seja, a planta estava na condição de controlo após 30 DAS (2,40 mg.g^{-1}).

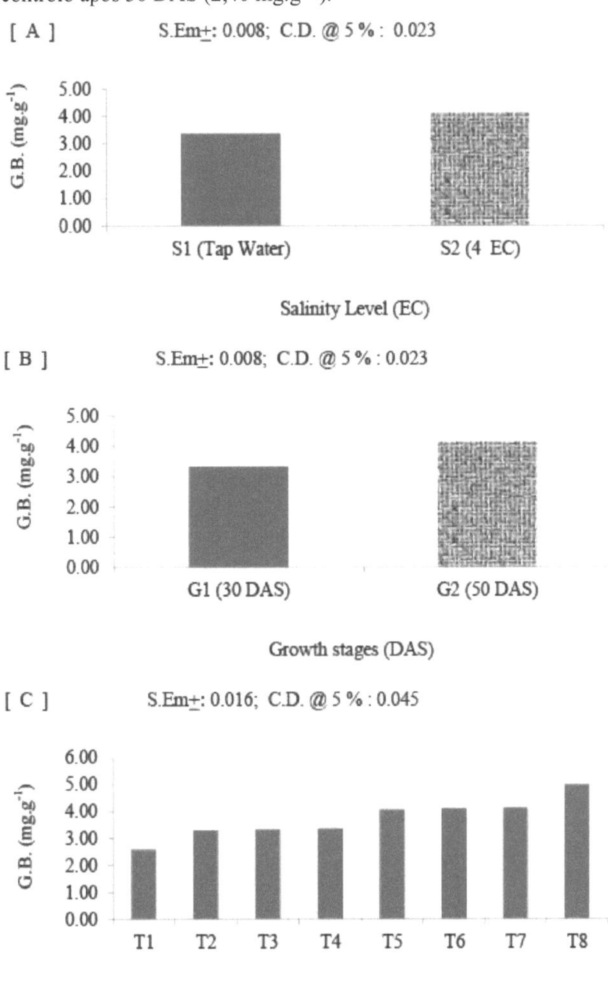

Fig. 4.27: Efeito médio de [A] salinidade (S), [B] estágios de crescimento (G) e [C] tratamentos (T) no conteúdo de glicina betaína (mg.g-1) em tecidos foliares de amendoim.

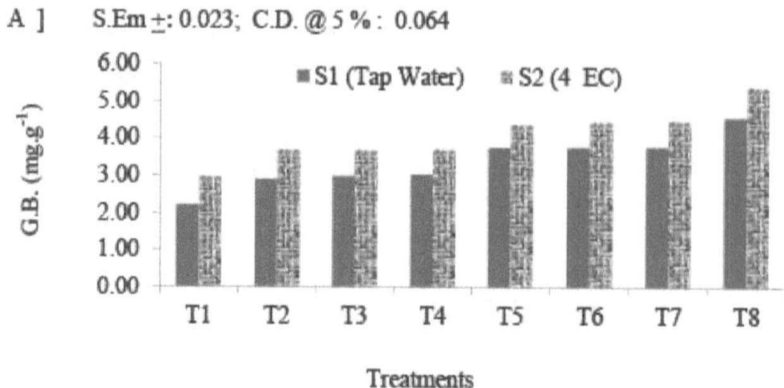

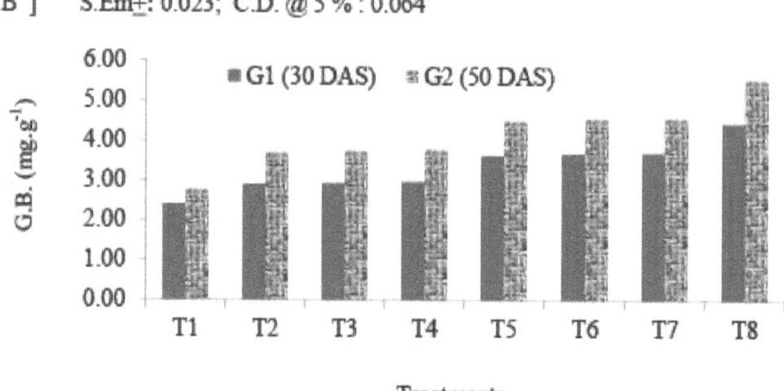

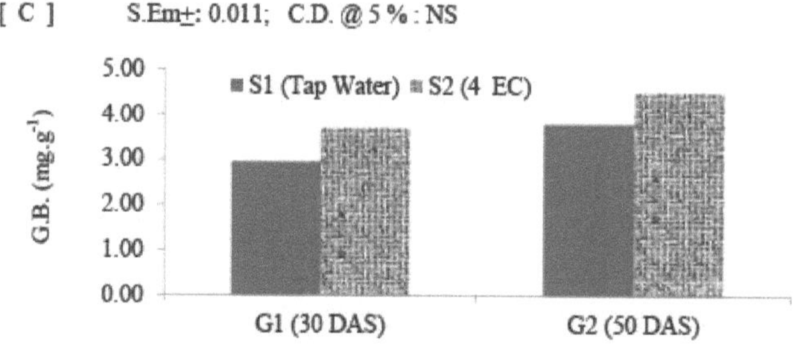

Fig. 4.27: Efeito de interação de [A] salinidade (S) X tratamentos (T), [B] estádios de crescimento (G) X tratamentos (T), [C] salinidade (S) X estádios de crescimento (G) no teor de glicina betaína (mg.g-1) nos tecidos foliares do amendoim.

O efeito de interação de S X G para o conteúdo de glicina betaína revelou diferenças não significativas no tecido foliar do amendoim (Fig. 4.28 C). O maior valor do conteúdo de glicina betaína foi observado em S2G2, ou seja, em plantas irrigadas com água salina (4 EC) após 50 DAS (4,50 mg.g^{-1}). O valor mais baixo do teor de glicina betaína foi observado em S1G1 (2,95 mg.g^{-1}).

Tabela 4.14: Efeito de interação das combinações de salinidade [S], estádios de crescimento [G] e tratamento [T] na glicina betaína (mg.g^{-1}) nos tecidos foliares do amendoim.

Tratamento	G1 (30 DAS)	G2 (50 DAS)	Média

	S1 (Água da torneira)	S2 (4 CE)	SI (Água da torneira)	S2 (4 CE)	
T1	2.01	2.80	2.42	3.15	2.59
T2	2.55	3.23	3.23	4.17	3.29
T3	2.61	3.24	3.35	4.14	3.33
T4	2.68	3.25	3.37	4.16	3.37
T5	3.24	4.01	4.26	4.74	4.06
T6	3.25	4.08	4.26	4.84	4.11
T7	3.27	4.10	4.27	4.85	4.12
T8	4.00	4.86	5.12	5.92	4.97
Média	2.95	3.69	3.78	4.50	-
S.Em+	0.032	C.D. @ 5%	0.091	C.V. %	1.485

O efeito de interação de S X G X T para o conteúdo de glicina betaína foi encontrado para ser diferenças significativas no amendoim (Tabela 4.14). No entanto, o maior valor de conteúdo de glicina betaína foi observado em plantas irrigadas com água salina e plantas tratadas com GA3 @ 100 ppm + KNO3 @ 500 ppm + ácido silícico @ 50 ppm após 50 DAS S2G2T8 (5,92 mg.g^{-1}). O valor mais baixo do conteúdo de glicina betaína foi observado na planta irrigada com água da torneira e na planta em condição de controlo após 30 DAS, ou seja, em S1G1T1 (2,01 mg.g^{-1}).

Estes resultados estão de acordo com Shaddad *et al.* (2013) que estudaram o efeito do stress da salinidade e verificaram que a regulação da pressão osmótica e a proteção da membrana aumentaram devido à acumulação de glicina betaína.

4.3 Ensaio enzimático

4.3.1 Polifenol oxidase (EC 1.14.18.1)

A polifenol oxidase (PPO, *O-difenol*: O_2 oxido-reductase) é também conhecida como fenolase, fenol oxidase, catecol oxidase e tirosina. A enzima está amplamente distribuída na natureza. Sabe-se que está presente em formas solúveis no citoplasma ou ligada a mitocôndrias, cloroplastos e alguns outros organelos subcelulares. Os dados sobre a atividade enzimática da polifenol oxidase (AO.D.mm.-1g.$^{-1}$ Fr.Wt) analisados a partir de tecidos foliares de amendoim recolhidos de plantas tratadas aos 20 DAS e 40 DAS com diferentes concentrações de ácido giberélico, nitrato de potássio, ácido silícico e a sua combinação (T1 a T8) cultivadas num vaso irrigado com água de fita (S1) e água salina (S2) 4 EC em duas fases diferentes G1 (30 DAS) e G2 (50 DAS) são apresentados na Fig. 4.29, 4.30 e Tabela 4.15.

O efeito médio do nível de salinidade, independentemente do tratamento com ácido giberélico, nitrato de potássio, ácido silícico e a sua combinação e fases de crescimento, isto é, antes e depois da pulverização de ácido giberélico, nitrato de potássio, ácido silícico e a sua combinação de tratamentos, foi considerado estatisticamente significativo para a atividade de polifenol oxidase (Fig. 4.29 A). Entre os níveis de salinidade, o tratamento S1 irrigado com água da torneira mostrou a quantidade mais baixa de atividade de polifenol oxidase (5,86 AO.D.min. g.$^{-1-1}$ Fr.Wt.) enquanto o vaso irrigado com água salina 4 EC (S2) mostrou o valor mais alto para a atividade de polifenol oxidase (6,45 AO.D.min.$^{-1}$ g.$^{-1}$ Fr.Wt.).

Entre as diferentes fases, o valor médio da atividade da polifenol oxidase variou significativamente entre 6,48 AO.D.min. g.$^{-1-1}$ Fr.Wt. e 5,84 AO.D.min. g.$^{-1-1}$ Fr.Wt. (Fig.

4.29 B). O teor diminuiu a partir dos 30 DAS (6,48 AO.D.min. g.$^{-1-1}$ Fr.Wt.) até aos 50 DAS (5,84 AO.D.min.$^{-1}$ g.$^{-1}$ Fr.Wt.).

A aplicação do tratamento de pulverização de ácido giberélico, nitrato de potássio, ácido silícico e a sua combinação foram estatisticamente significativas (Fig. 4.29 C). O tratamento T8 [GA3 @ 100 ppm + KNO3 @ 500 ppm + ácido silícico @ 50 ppm] causou uma diminuição acentuada da atividade da polifenol oxidase nos tecidos foliares do amendoim. Os tecidos obtidos de vasos de amendoim tratados com T8 [GA3 @ 100 ppm + KNO3 @ 500 ppm + ácido silícico @ 50 ppm] revelaram uma quantidade menor de atividade média de polifenol oxidase (4.57 AO.D.min. g.$^{-1-1}$ Fr.Wt.) e que foi seguido por T7 [GA3 @ 100 ppm + ácido silícico @ 50 ppm (5.70 AO.D.min. g.$^{-1-1}$ Fr.Wt.)] e T6 [KNO3 @ 500 ppm + ácido silícico @ 50 ppm (5.79 AO.D.min.$_{-1}$g.$^{-1}$ Fr.Wt.)], independentemente do nível de salinidade e dos estágios de crescimento. O teor médio mais elevado foi registado nos tecidos recebidos de T_1 (7,11 AO.D.min. g.$^{-1-1}$ Fr.Wt.).

O efeito da interação S X T para a atividade de polifenol oxidase revelou diferenças significativas nos tecidos foliares do amendoim (Fig. 4.30 A). O valor mais baixo do conteúdo da atividade de polifenol oxidase foi observado para o S1T8, ou seja, na planta irrigada com água da torneira combinada com GA3 @ 100 ppm + KNO3 @ 500 ppm + ácidos silícicos @ 50 ppm (4,38 AO.D.min. g.$^{-1-1}$ Fr.Wt.). O valor mais elevado (7,42 AO.D.min. g.$^{-1-1}$ Fr.Wt.) de atividade de polifenol oxidase foi observado em plantas irrigadas com água salina (4 EC) em condições de controlo (S_2T_1).

O efeito de interação de G X T para a atividade de polifenol oxidase revelou diferenças significativas nos tecidos foliares do amendoim (Fig. 4.30 B). O valor mais baixo da atividade de polifenol oxidase foi observado em G2T8 i.e. na planta tratada com GA3 @ 100 ppm + KNO3 @ 500 ppm + ácido silícico @ 50 ppm após 50 DAS (4.02 AO.D.min. g.$^{-1-1}$ Fr.Wt.). O valor mais alto de atividade de polifenol oxidase foi observado para G1T1 i.e. a planta estava em condição de controlo após 30 DAS (7.50 AO.D.min. g.$^{-1-1}$ Fr.Wt.).

A observação do efeito de interação de S X G para a atividade de polifenol oxidase encontrou diferenças significativas nos tecidos foliares do amendoim (Fig. 4.30 C). O valor mais baixo da atividade de polifenol oxidase foi observado em S1G2, isto é, em plantas irrigadas com água da torneira após 50 DAS (5,46 AO.D.min. g.$^{-1-1}$ Fr.Wt.). O valor mais elevado da atividade de polifenol oxidase foi observado em S2G1 (6,69 AO.D.min. g.$^{-1-1}$ Fr.Wt.).

Os dados mostraram que o efeito da interação S X G X T para a atividade da polifenol oxidase foi estatisticamente significativo no amendoim (Tabela 4.15). No entanto, o valor mais baixo da atividade de polifenol oxidase foi observado na planta irrigada com água da torneira e na planta tratada com GA3 @ 100 ppm + KNO3 @ 500 ppm + ácido silícico @ 50 ppm após 50 DAS S1G2T8 (3,86 AO.D.min. g.$^{-1-1}$ Fr.Wt.). O valor mais elevado da atividade da polifenol oxidase foi observado na planta irrigada com água salina (4 EC) e na planta em condições de controlo após 30 DAS S2G1T1 (7,84 AO.D.min. g.$^{-1-1}$ Fr.Wt.).

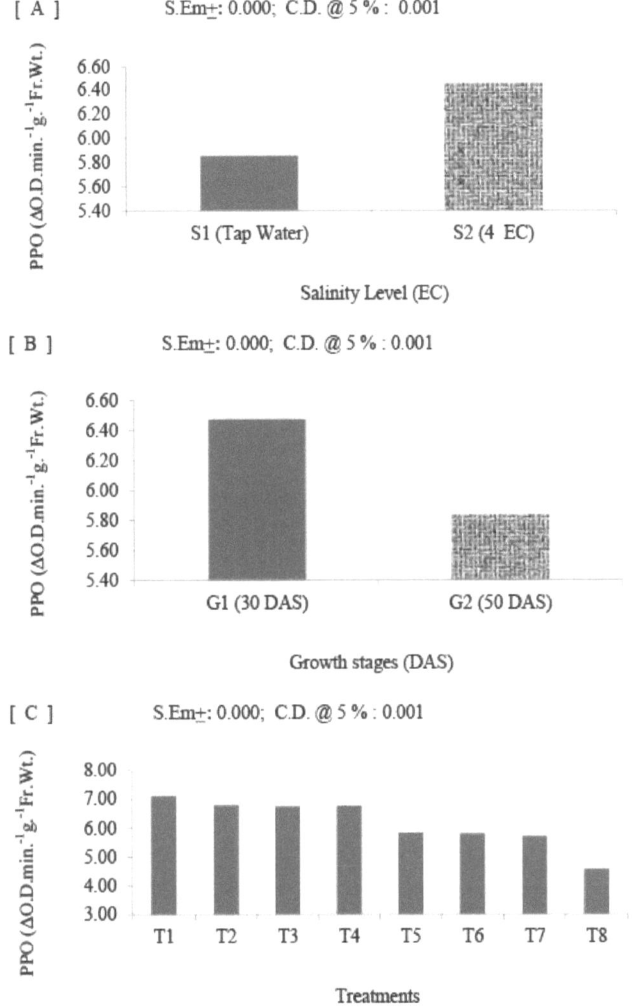

Fig. 4.29: Efeito médio da [A] salinidade (S), [B] estádios de crescimento (G) e [C] tratamentos (T) na atividade da polifenol oxidase (ΔO.D.min.-1g.-1Fr.Wt.) nos tecidos foliares do amendoim.

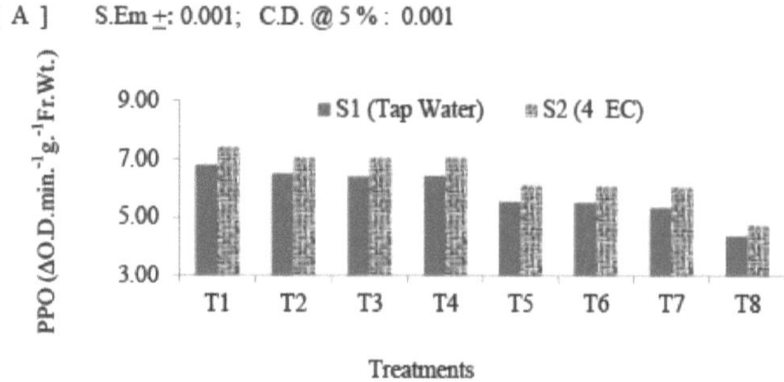

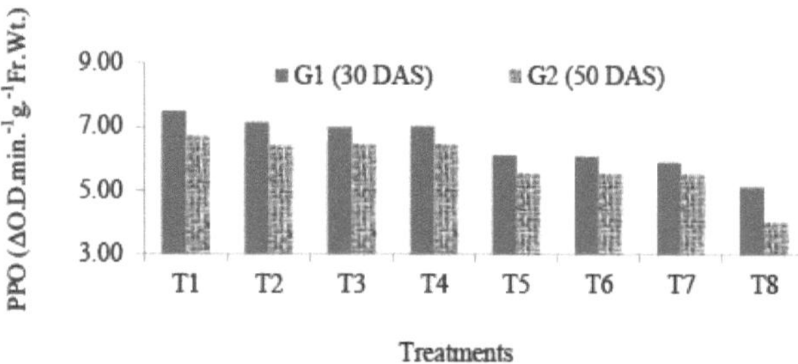

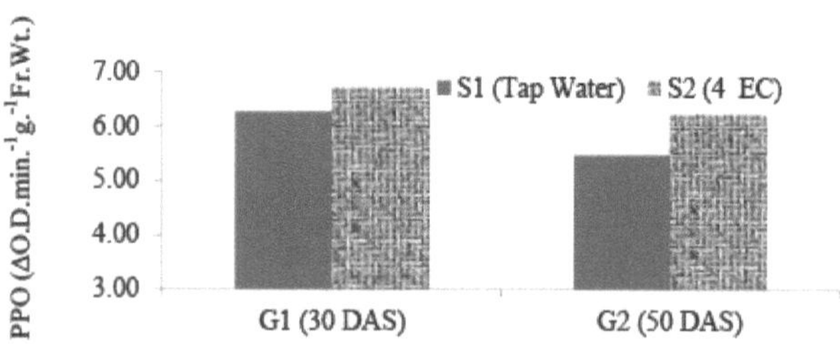

Fig. 4.30: Efeito de interação de [A] salinidade (S) X tratamentos (T), [B] estádios de crescimento (G) X tratamentos (T), [C] salinidade (S) X estádios de crescimento (G) na atividade da polifenol oxidase (ΔO.D.min.$_{-1g.-1Fr.}$Wt.) nos tecidos foliares do amendoim.
Tabela 4.15: Efeito de interação das combinações de salinidade [S], fases de crescimento [G] e tratamento [T] na atividade de polifenol oxidase (AO.D.min. g.$^{-1-1}$ Fr.Wt.) em tecidos foliares de amendoim.

Tratamento	G1 (30 DAS)		G2 (50 DAS)		Média
	S1 (Água da torneira)	S2 (4 CE)	S1 (Água da torneira)	S2 (4 CE)	
T1	7.15	7.84	6.44	7.00	7.11
T2	6.99	7.31	6.01	6.82	6.78
T3	6.73	7.26	6.07	6.86	6.73

T4	6.79	7.25	6.06	6.88	6.75
T5	5.96	6.24	5.11	5.99	5.82
T6	5.92	6.19	5.08	5.99	5.79
T7	5.62	6.13	5.05	5.99	5.70
T8	4.89	5.33	3.86	4.18	4.57
Média	6.26	6.69	5.46	6.21	-
S.Em+	**0.001**	**C.D. @ 5%**	**0.002**	**C.V. %**	**0.020**

Esses resultados estavam de acordo com Mohan e Shashidharan (2018), que relataram que a salinidade aumenta a atividade da polifenol oxidase em mudas de amendoim. Patel *et al.* (2015) também observaram que o H2O2 gerado pela polifenol oxidase também poderia ser um componente de um processo significativo de defesa contra condições de estresse.

4.3.2 Peroxidase (EC 1. 11 .1 .7)

Verificou-se que a peroxidase, um grupo de proteínas glicosiladas contendo heme, desempenha um papel significativo nos mecanismos de defesa da planta contra a infeção por agentes patogénicos. Os dados sobre a atividade enzimática da peroxidase (AO.D.mm.$^{-1}$ g.$^{-1}$ Fr.Wt.) analisados a partir de tecidos foliares de amendoim recolhidos de plantas tratadas aos 20 DAS e 40 DAS com diferentes concentrações de ácido giberélico, nitrato de potássio, ácido silícico e a sua combinação (T1 a T8) cultivadas num vaso irrigado com água de fita (S1) e água salina (S2) 4 EC em duas fases diferentes G1 (30 DAS) e G2 (50 DAS) são apresentados na Fig. 4.31, 4.32 e Tabela 4.16.

O efeito médio do nível de salinidade, independentemente do tratamento com ácido giberélico, nitrato de potássio, ácido silícico e suas combinações, e dos estádios de crescimento, ou seja, antes e depois da pulverização de ácido giberélico, nitrato de potássio, ácido silícico e suas combinações de tratamento, foi considerado estatisticamente significativo para a atividade da peroxidase (Fig. 4.31 A).

Entre os níveis de salinidade, o tratamento S1 irrigado com água da torneira mostrou a menor quantidade de atividade de peroxidase (6,30 AO.D.min.-1g.$^{-1}$ Fr.Wt.), enquanto o vaso irrigado com água salina 4 EC (S$_2$) mostrou o valor mais alto para a atividade de peroxidase (7,23 AO.D.min.$^{-1}$ g.$^{-1}$ Fr.Wt.). Trivedi *et al.* (2018) também relataram um aumento na atividade da peroxidase sob estresse de salinidade em grama verde.

Entre as diferentes fases, o valor médio da atividade da peroxidase variou significativamente entre 7,14 e 6,38 (AO.D.min. g.$^{-1-1}$ Fr.Wt.) (Fig. 4.31 B). O conteúdo diminuiu de 30 DAS (7,14) para 50 DAS (6,38) (AO.D.min. g.$^{-1-1}$ Fr.Wt.).

Foram encontradas diferenças na imposição de tratamento de pulverização de ácido giberélico, nitrato de potássio, ácido silícico e sua combinação estatisticamente significativa (Fig. 4.31 C). O tratamento T8 [GA3 @ 100 ppm + KNO3 @ 500 ppm + ácido silícico @ 50 ppm] causou um aumento acentuado na atividade da peroxidase nos tecidos foliares do amendoim. Os tecidos obtidos de vasos de amendoim tratados com T8 [GA3 @ 100 ppm + KNO3 @ 500 ppm + ácido silícico @ 50 ppm] revelaram maior quantidade de atividade peroxidase média (7,98 AO.D.min. g.$^{-1-1}$ Fr.Wt.) e que foi seguido por T7 [GA3 @ 100 ppm + ácido silícico @ 50 ppm (7,31 AO.D.min. g.$^{-1-1}$ Fr.Wt.)] e T6 [KNO3 @ 500 ppm + ácido silícico @ 50 ppm (7,37 AO.D.min.$^{-1}$ g.$^{-1}$ Fr.Wt.)] independentemente do nível de salinidade e estágios de crescimento. O teor médio mais baixo foi registado para os tecidos recebidos de T1

(5,22 AO.D.min. g.$^{-1-1}$ Fr.Wt.).

O efeito da interação S X T para a atividade da peroxidase revelou diferenças significativas no tecido foliar do amendoim (Fig. 4.32 A). O valor mais alto da atividade de peroxidase foi observado para o S2T8, ou seja, na planta irrigada com água salina combinada com GA3 @ 100 ppm + KNO3 @ 500 ppm + ácidos silícicos @ 50 ppm após 50 DAS (8,35 AO.D.min. g.$^{-1-1}$ Fr.Wt.). O valor mais baixo (4,78 AO.D.min. g.$^{-1-1}$ Fr.Wt.) da atividade da peroxidase foi observado na planta irrigada com água da torneira sob condição de controlo (S1T1).

O efeito de interação de G X T para a atividade de peroxidase revelou diferenças significativas no tecido foliar do amendoim (Fig. 4.32 B). O valor mais alto da atividade de peroxidase foi observado em G1T8, ou seja, em plantas tratadas com GA3 @ 100 ppm + KNO3 @ 500 ppm + ácido silícico @ 50 ppm após 30 DAS (8,33 AO.D.min. g.$^{-1-1}$ Fr.Wt.). O valor mais baixo da atividade da peroxidase foi observado para a G2T1, ou seja, a planta estava na condição de controlo após 50 DAS (4,87 AO.D.min. g.$^{-1-1}$ Fr.Wt.)

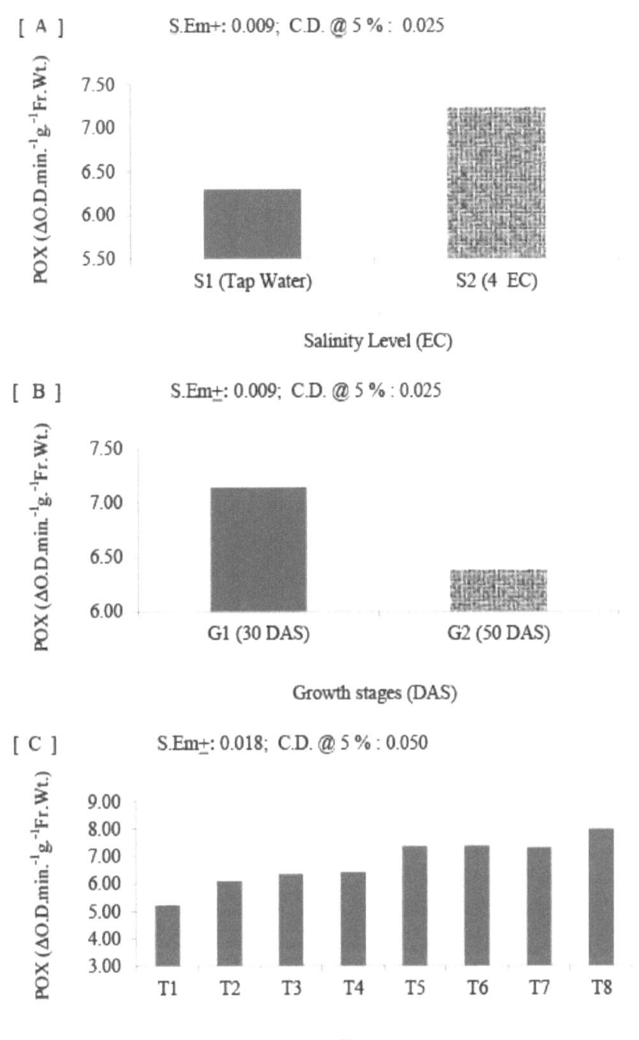

Fig. 4.31: Efeito médio da [A] salinidade (S), [B] estádios de crescimento (G) e [C] tratamentos (T) na atividade da peroxidase (ΔO.D.min.-1g.-1Fr.Wt.) nos tecidos foliares do amendoim.

89

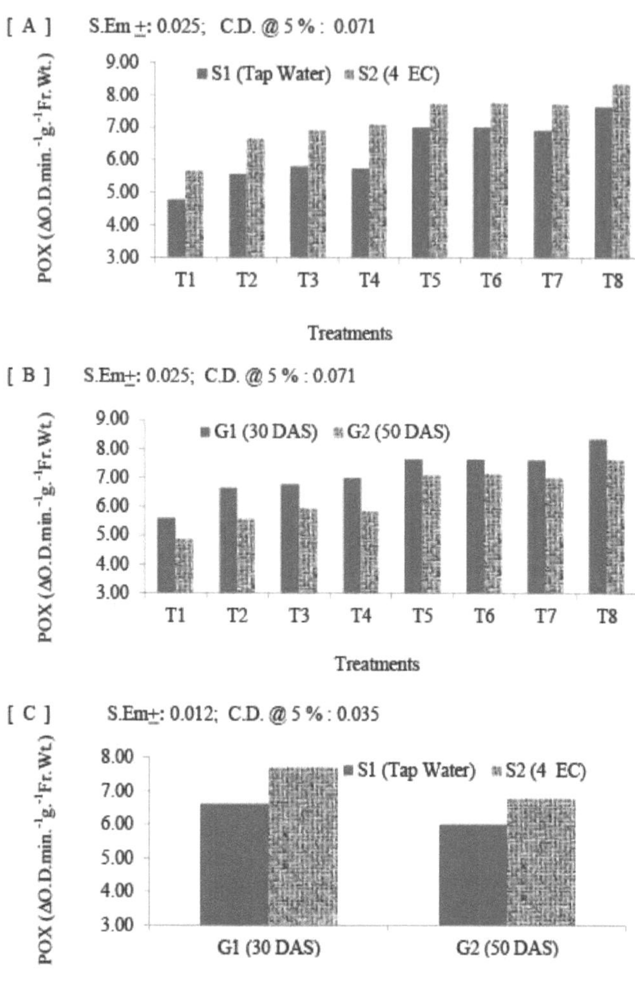

Fig. 4.32: Efeito de interação de [A] salinidade (S) X tratamentos (T), [B] estádios de crescimento (G) X tratamentos (T), [C] salinidade (S) X estádios de crescimento (G) na atividade da peroxidase (ΔO.D.min.-1g.-1Fr.Wt.) nos tecidos foliares do amendoim.

O efeito de interação de S X G para a atividade da peroxidase revelou diferenças significativas no tecido foliar do amendoim (Fig. 4.32 C). O valor mais alto de atividade de peroxidase foi observado em S2G1 i.e. em plantas irrigadas com água salina (4 EC) após 30 DAS (7.69 ΔO.D.mm. g.$^{-1-1}$ Fr.Wt.). O valor mais baixo da atividade da peroxidase foi observado para S1G2 (5,99 ΔO.D.min. g.$^{-1-1}$ Fr.Wt.).

Tabela 4.16: Efeito de interação das combinações de salinidade [S], fases de crescimento [G] e tratamento [T] na atividade da peroxidase (ΔO.D.min. g.$^{-1-1}$ Fr.Wt.) em tecidos foliares de amendoim.

Tratamento	G1 (30 DAS)		G2 (50 DAS)		Média
	S1 (Água da	S2 (4 CE)	S1 (Água da	S2 (4 CE)	

	torneira)		torneira)		
Ti	5.13	6.02	4.42	5.31	5.22
T2	6.02	7.27	5.09	6.02	6.10
T3	6.09	7.44	5.49	6.38	6.35
T4	6.33	7.62	5.11	6.56	6.41
T5	7.09	8.18	6.91	7.27	7.36
T6	7.07	8.16	6.93	7.33	7.37
T7	7.09	8.13	6.71	7.29	7.31
T8	7.98	8.69	7.27	8.01	7.98
Média	6.60	7.69	5.99	6.77	-
S.Em+	**0.035**	**C.D. @ 5%**	**0.100**	**C.V. %**	**0.904**

O efeito de interação de S X G X T para a atividade de peroxidase foi encontrado para ser diferenças significativas no amendoim (Tabela 4.16). No entanto, o valor mais elevado da atividade da peroxidase foi observado na planta irrigada com água salina e na planta tratada com GA3 @ 100 ppm + KNO3 @ 500 ppm + ácido silícico @ 50 ppm após 30 DAS S2G1T8 (8,69 AO.D.min. $g.^{-1-1}$ Fr.Wt.). O valor mais baixo da atividade da peroxidase foi observado na planta irrigada com água da torneira e na planta em condições de controlo após 41 DAS S1G2T1 (4,42 AO.D.min. $g.^{-1-1}$ Fr.Wt.).

Estes resultados estão de acordo com Shinde *et al.* (2017) que relataram que a salinidade aumenta a atividade da peroxidase em plântulas de amendoim. A imposição de stress abiótico reduziu significativamente o teor relativo de água, a estabilidade da membrana e o teor total de carotenóides em todas as cultivares. A relação entre diferentes parâmetros fisiológicos mostrou que o nível de stress oxidativo, em termos de produção de espécies reactivas de oxigénio, estava negativamente correlacionado com as actividades de diferentes enzimas antioxidantes, como a catalase e a peroxidase (Chakraborty *et al.*, 2015).

4.3.3 Catalase (E.C 1.11.1.6)

Uma das principais enzimas que desempenham um papel no catabolismo do peróxido de hidrogénio é a catalase. A catalase é uma proteína heme tetramérica, presente em quase todos os organismos aeróbicos, incluindo as plantas. Os dados sobre a atividade enzimática da catalase (AO.D.min. $g.^{-1-1}$ Fr.Wt.) analisados a partir de tecidos foliares de amendoim recolhidos de plantas tratadas aos 20 DAS e 40 DAS com diferentes concentrações de ácido giberélico, nitrato de potássio, ácido silícico e a sua combinação (T1 a T8) cultivadas num vaso irrigado com água de fita (s1) e água salina (s2) 4 EC em duas fases diferentes G1 (30 DAS) e G2 (50 DAS) são apresentados na Fig. 4.33, 4.34 e Tabela 4.17.

O efeito médio do nível de salinidade, independentemente do tratamento com ácido giberélico, nitrato de potássio, ácido silícico e sua combinação e estágios de crescimento, ou seja, antes e depois da pulverização de ácido giberélico, nitrato de potássio, ácido silícico e sua combinação de tratamento, foi considerado estatisticamente significativo para a atividade da catalase (Fig. 4.33 A). Entre os níveis de salinidade, o tratamento S1 irrigado com água da torneira mostrou a menor quantidade de atividade da catalase (3,45 AO.D.min. $g.^{-1-1}$ Fr.Wt.) enquanto o vaso irrigado com água salina 4 EC (s2) mostrou o valor mais elevado para a atividade da catalase (4,06 AO.D.min.$^{-1}$ $g.^{-1}$ Fr.Wt.). Anteriormente, foi relatado que a catalase aumenta com o aumento da concentração de Nacl.

Entre as diferentes fases, o valor médio da atividade da catalase variou significativamente entre 4,08 AO.D.min. g.$^{-1-1}$ Fr.Wt. e 3,43 AO.D.min. g.$^{-1-1}$ Fr.Wt. (Fig. 4.33 B). O teor diminuiu a partir dos 30 DAS (4,08 AO.D.min. g.$^{-1-1}$ Fr.Wt.) até aos 50 DAS (3,43 AO.D.min.$^{-1}$ g.$^{-1}$ Fr.Wt.).

Os dados médios sobre a imposição de tratamentos de pulverização de ácido giberélico, nitrato de potássio, ácido silícico e suas combinações foram considerados estatisticamente significativos (Fig. 4.33 C). O tratamento T8 [GA3 @ 100 ppm + KNO3 @ 500 ppm + ácido silícico @ 50 ppm] causou uma diminuição acentuada na atividade da catalase nos tecidos foliares do amendoim. Os tecidos obtidos de vasos de amendoim tratados com T8 [GA3 @ 100 ppm + KNO3 @ 500 ppm + ácido silícico @ 50 ppm] revelaram menor quantidade de atividade média de catalase (2,67 AO.D.min. g.$^{-1-1}$ Fr.Wt.) e que foi seguido por T7 [GA3 @ 100 ppm + ácido silícico @ 50 ppm (3.29 AO.D.min. g.$^{-1-1}$ Fr.Wt.)] e T6 [KNO3 @ 500 ppm + ácido silícico @ 50 ppm (3.32 AO.D.min.$^{-1}$ g.$^{-}$ ^{1}Fr.Wt.)], independentemente do nível de salinidade e dos estádios de crescimento. O teor médio mais elevado foi registado nos tecidos recebidos de T1 (4,97 AO.D.mm.$_{-1g.}$$^{-1}$ Fr.Wt).

O efeito de interação de S X T para a atividade da catalase revelou diferenças significativas nos tecidos foliares do amendoim (Fig. 4.34 A). O valor mais baixo do conteúdo da atividade da catalase foi observado para o S1T8, ou seja, na planta irrigada com água da torneira combinada com GA3 @ 100 ppm + KNO3 @ 500 ppm + ácidos silícicos @ 50 ppm (2,45 AO.D.min. g.$^{-1-1}$ Fr.Wt.). O valor mais elevado (5,39 AO.D.min. g.$^{-1-1}$ Fr.Wt.) da atividade da catalase foi observado em plantas irrigadas com água salina (4 EC) em condições de controlo (S2T1).

O efeito da interação G X T para a atividade da catalase foi observado estatisticamente significativo nos tecidos foliares do amendoim (Fig. 4.34 B). O valor mais baixo da atividade da catalase foi observado em G2T8 i.e. na planta tratada com GA3 @ 100 ppm + KNO3 @ 500 ppm + ácido silícico @ 50 ppm após 50 DAS (2.33 AO.D.min. g.$^{-1-1}$ Fr.Wt.). O valor mais alto da atividade da catalase foi observado para G1T1 i.e. a planta estava em condição de controlo após 30 DAS (5.38 AO.D.min. g.$^{-1-1}$ Fr.Wt.).

Os dados registados do efeito de interação S X G para a atividade da catalase revelaram diferenças significativas no tecido foliar do amendoim (Fig. 4.34 C). O valor mais baixo da atividade da catalase foi observado em S1G2, ou seja, em plantas irrigadas com água da torneira após 50 DAS (3,18 AO.D.min. g.$^{-1-1}$ Fr.Wt.). O valor mais elevado da atividade da catalase foi observado em S2G1 (4,44 AO.D.min. g.$^{-1-1}$ Fr.Wt.).

O efeito de interação de S X G X T para a atividade de catalase foi encontrado para ser diferenças significativas no amendoim (Tabela 4.17). No entanto, o valor mais baixo da atividade da catalase foi observado na planta irrigada com água da torneira e na planta tratada com GA3 @ 100 ppm + KNO3 @ 500 ppm + ácido silícico @ 50 ppm após 50 DAS S1G2T8 (2,01 AO.D.min. g.$^{-1-1}$ Fr.Wt.). O valor mais elevado da atividade da catalase foi observado na planta irrigada com água salina (4 EC) e na planta em condições de controlo após 30 DAS S2G1T1 (5,78 AO.D.min. g.$^{-1-1}$ Fr.Wt.).

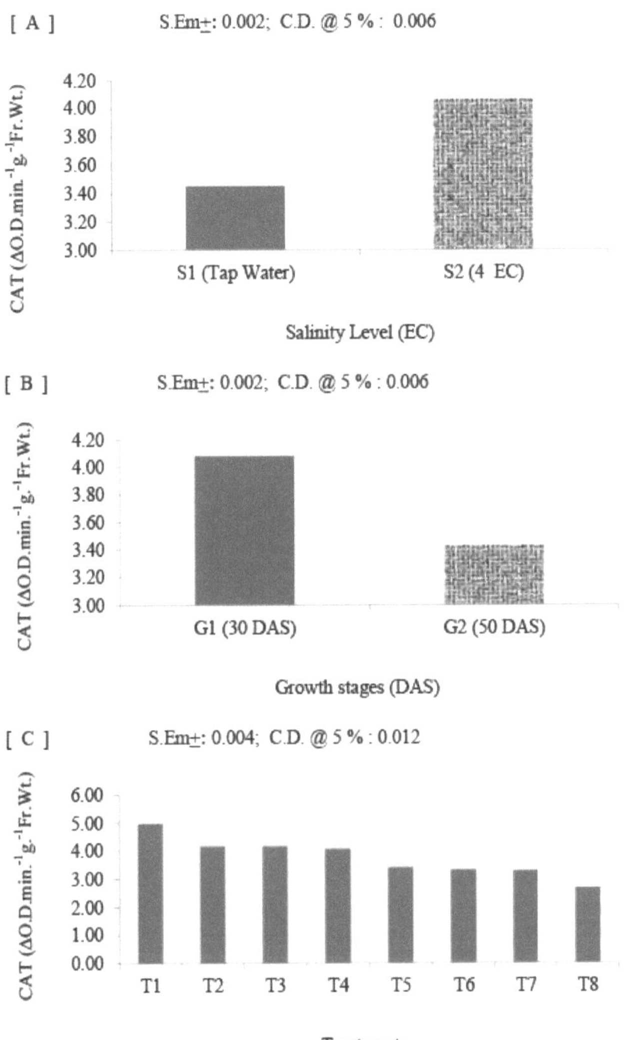

Fig. 4.33: Efeito médio da [A] salinidade (S), [B] estádios de crescimento (G) e [C] tratamentos (T) na atividade da catalase (ΔO.D.min.-1g.-1Fr.Wt.) nos tecidos foliares do amendoim.

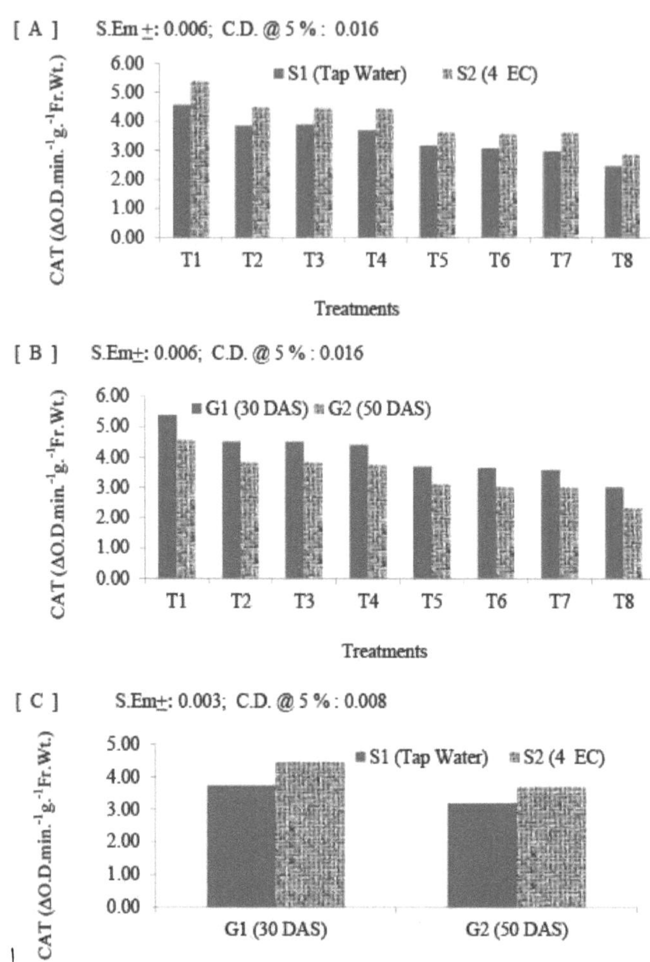

Fig. 4.34: Efeito de interação de [A] salinidade (S) X tratamentos (T), [B] estádios de crescimento (G) X tratamentos (T), [C] salinidade (S) X estádios de crescimento (G) na atividade da catalase (ΔO.D.min.-1g.-1Fr.Wt.) nos tecidos foliares do amendoim.

Tabela 4.17: Efeito de interação das combinações de salinidade [S], fases de crescimento [G] e tratamento [T] na atividade da catalase (AO.D.min. g.$^{-1-1}$ Fr.Wt.) em tecidos foliares de amendoim.

Tratamento	G1 (30 DAS)		G2 (50 DAS)		Média
	S1 (Água da torneira)	S2 (4 CE)	S1 (Água da torneira)	S2 (4 CE)	
T1	4.98	5.78	4.11	5.00	4.97
T2	4.01	4.98	3.65	4.00	4.16
T3	4.12	4.89	3.65	4.01	4.17

T4	4.01	4.78	3.37	4.11	4.07
T5	3.36	4.01	2.98	3.26	3.40
T6	3.26	4.00	2.88	3.15	3.32
T7	3.15	4.00	2.78	3.25	3.29
T8	2.89	3.11	2.01	2.64	2.67
Média	3.72	4.44	3.18	3.68	-
S.Em+	**0.008**	**C.D. @ 5%**	**0.023**	**C.V. %**	**0.379**

Estes resultados estão de acordo com Mohan e Shashidharan (2018), que referiram que a salinidade aumenta a atividade da catalase nas plântulas de amendoim.

CAPÍTULO - V

RESUMO E CONCLUSÃO

A experiência intitulada "Efeito do ácido giberélico, nitrato de potássio e ácido silícico nas alterações bioquímicas das plântulas de amendoim (*Arachis hypogaea* L.) irrigadas com água salina" foi realizada no Departamento de Bioquímica, Universidade Agrícola de Junagadh, Junagadh, durante 2018.

A salinidade pode afetar o crescimento, a acumulação de matéria seca e o rendimento. A redução no crescimento de plantas salinizadas pode estar relacionada com a perturbação induzida pelo sal no balanço hídrico da planta, e a redução do crescimento sob stress de salinidade inclui desequilíbrios iónicos, alterações no estado nutricional e fito-hormonal, processos fisiológicos, reacções bioquímicas, ou uma combinação de tais factores.

O ácido giberélico, hormona de crescimento que melhora a floração, aumenta a frutificação e o tamanho dos frutos. Apresenta respostas positivas para aumentar o prazo de validade, bem como os parâmetros de qualidade dos frutos e legumes. O potássio aumenta a resistência aos agentes patogénicos bacterianos, virais, nemátodos e fúngicos (Perrenoud, 1990). O silício deposita-se na superfície das plantas e serve de camada protetora contra o stress biótico e abiótico, além de aumentar a taxa de fotossíntese e o rendimento da cultura (Miyake e Takahashi, 1983).

Por conseguinte, a presente experiência foi planeada e realizada com três objectivos principais, como indicado a seguir.

1. Estudar o efeito do ácido giberélico, nitrato de potássio e ácido silícico sobre parâmetros fisiológicos e constituintes bioquímicos em mudas de *Arachis hypogaea* (L.) irrigadas com água salina.

2. Estudar o efeito do ácido giberélico, do nitrato de potássio e do ácido silícico na atividade das enzimas antioxidantes em plântulas de *Arachis hypogaea* (L.) irrigadas com água salina.

3. Estudar a eficiência do tratamento com ácido giberélico, nitrato de potássio e ácido silícico em mudas de *Arachis hypogaea* (L.) irrigadas com água salina.

A variedade designada por Gujarat groundnut-20 foi tratada com dezasseis tratamentos de plantas irrigadas com stress salino, aplicação foliar de ácido giberélico, nitrato de potássio, ácido silícico e o seu tratamento combinado plantado em três réplicas como ensaio em vaso na estufa. Todos os produtos químicos necessários, incluindo os tampões, foram preparados de fresco antes do início de cada fase de crescimento (30 DAS e 50 DAS). O resultado foi analisado para a interpretação dos dados utilizando o desenho fatorial completamente aleatório (FCRD). Os resultados apresentados e discutidos nos capítulos anteriores são resumidos aqui.

5.1 PARÂMETROS FISIOLÓGICOS

O teor relativo de água medido nas folhas do amendoim mostrou diferenças significativas nas fases de crescimento, nos tratamentos e no efeito de interação. O stress salino diminuiu o teor relativo de água das plântulas de amendoim nos níveis de salinidade S1 (água da torneira) e S2 (água salina 4 CE). O menor teor relativo de água foi observado no nível S2 de salinidade com a planta irrigada com 4 EC (78,43%) e o maior teor relativo de água foi observado em S1 com a planta irrigada com água da torneira (86,26%). A condição salina diminui a absorção de água, sendo esta a possível razão para a diminuição da percentagem do conteúdo relativo de água. A diminuição do teor relativo de água na presente experiência foi baixa, podendo ser o efeito da acumulação de osmólitos como a prolina, a glicina betaína e o açúcar solúvel total. O ácido giberélico, o nitrato de potássio, o ácido silícico e a sua combinação recuperaram o teor relativo de água das plântulas de amendoim em geral. O teor relativo de água mais alto foi observado em T8 [GA3 @ 100 ppm + KNO3 @ 500 ppm + ácido silícico @ 50 ppm (85,42 %)]. Em geral, na presente experiência, o teor relativo de água (RWC) diminui com a aplicação de sal em comparação com o tratamento de controlo, mas a aplicação de ácido giberélico, nitrato de potássio e ácido silícico aumentou-o moderadamente ou manteve-se estável.

No entanto, o pH da folha é uma espécie relacionada e independente da propriedade do solo. Este resultado mostrou que não há muita diferença no pH da folha. Os tratamentos com sal diminuíram o pH foliar do amendoim. O pH foliar mais baixo foi observado na planta S1 irrigada com água da torneira (6,47) e o pH foliar mais alto foi observado na planta S2 irrigada com água salina 4 EC (6,60). Os tratamentos com ácido giberélico, nitrato de potássio, ácido silícico e suas combinações aumentaram o pH foliar do amendoim. O pH foliar mais elevado foi observado em TI com condição de controlo (6,95). O pH mais baixo da folha foi observado em T8 [GA3 @ 100 ppm + KNO3 @ 500 ppm + ácido silícico @ 50 ppm (5,96)]. Para o efeito de interação, a combinação de S1T8 (5,92) teve o pH foliar mais baixo e o pH foliar mais alto foi observado para S2T1, ou seja, na planta irrigada com água salina 4 CE com condição de controlo (6,97).

O índice de estabilidade da membrana medido a partir das folhas do amendoim mostrou diferenças significativas entre as fases de crescimento, os tratamentos e o efeito de interação. O stress salino diminuiu o índice de estabilidade da membrana das plântulas de amendoim para os níveis de salinidade S1 (água da torneira) e S2 (4 EC). O índice de estabilidade de membrana mais baixo foi observado no nível S2 de salinidade com a planta irrigada com 4 EC (59,94%) e o índice de estabilidade de membrana mais alto foi observado em S1 com a planta irrigada com água da torneira (65,04%). O ácido giberélico, o nitrato de potássio, o ácido silícico e a sua combinação recuperaram o índice de estabilidade da membrana das plântulas de amendoim em geral. O índice de estabilidade de membrana mais alto foi observado em T8 [GA3 @ 100 ppm + KNO3 @ 500 ppm + ácido silícico @ 50 ppm (67,69 %)]. Assim, o ácido giberélico, o nitrato de potássio, o ácido silícico e a sua combinação podem melhorar o desempenho fisiológico, diminuindo as lesões causadas pelo stress.

5.2 PARÂMETROS BIOQUÍMICOS

Os compostos polifenóis estão envolvidos na defesa contra o stress salino. O ácido giberélico, o nitrato de potássio e o ácido silícico aumentaram o teor de fenóis totais das plântulas de amendoim. Na presente investigação, o teor de fenóis totais também mostrou diferenças significativas para o tratamento de salinidade, GA3 + KNO3 + ácido silícico para o efeito de interação. O stress salino aumentou o teor de fenol total das plântulas de amendoim para vários tratamentos de água salina S1 e s2. O maior teor de fenóis totais foi observado em S2 com plantas irrigadas com água salina 4 EC (13,90 mg.g^{-1}) e o menor teor de fenóis totais foi observado em S1 com plantas irrigadas com água da torneira (13,07 mg.g^{-1}). O stress da salinidade aumentou a acumulação de fenólicos totais em relação ao controlo. O ácido giberélico, o nitrato de potássio, o ácido silícico e a sua combinação aumentaram o teor de fenóis totais do amendoim. O teor mais alto de fenóis totais foi observado em T8 [GA3 @ 100 ppm + KNO3 @ 500 ppm + ácido silícico @ 50 ppm (16,29 mg.g^{-1})]. O teor mais baixo de fenol total foi observado em TI na condição de controlo (11,90 mg.g^{-1}). Em geral, todos os tratamentos com GA3 + KNO3 + ácido silícico aumentaram o teor de fenol total em comparação com a planta tratada na condição de controlo.

A proteína é um carácter importante que responde às condições de stress. O teor de proteínas verdadeiras mostrou diferenças significativas para vários tratamentos, bem como para o efeito de interação. O stress salino diminuiu o teor de proteínas verdadeiras das plântulas de amendoim. O menor teor de proteína verdadeira foi observado em S2 com planta irrigada com 4 EC (8,04%) e o maior teor de proteína verdadeira foi observado em S1 com planta irrigada com água da torneira (8,89%). As proteínas foram reduzidas devido aos efeitos deletérios da salinidade. A acumulação de Na^+ no citosol perturba a síntese de proteínas e de ácidos nucleicos. As doses aplicadas de concentrações de sal causaram supressão do crescimento, diminuição da proteína do pigmento fotossintético com aumento do stress salino em geral. Os tratamentos com GA3, KNO3 e ácido silícico aumentaram o teor de proteína verdadeira das plântulas de amendoim. O maior teor de proteína verdadeira foi observado em T8 [GA3 @ 100 ppm + KNO3 @ 500 ppm + ácido silícico @ 50 ppm (8,87 %.)]. O menor teor de proteína verdadeira foi observado em TI na condição de controlo (8,22%). Entre os diferentes estágios, o valor médio do conteúdo de proteína verdadeira variou significativamente entre 8,00 % e 8,92 %. O conteúdo diminuiu de 30 DAS (8,92 %) para 50 DAS (8,00 %). Isso pode ser devido ao efeito da translocação de material alimentar de reserva para a formulação do desenvolvimento reprodutivo.

O aumento das concentrações de sal afectou negativamente o crescimento e a concentração de aminoácidos livres. O conteúdo mais baixo de aminoácidos livres foi observado em S2 com plantas irrigadas com água salina 4 EC (5,97 mg.g^{-1}) e o conteúdo mais alto de aminoácidos livres foi observado em S1 com plantas irrigadas com água da torneira (7,07 mg.g^{-1}). Salinidade com diminuição de aminoácidos livres com stress salino elevado. Os tratamentos com GA3, KNO3 e ácido silícico aumentaram os aminoácidos livres das plântulas de amendoim de TI a T8. O maior conteúdo de aminoácidos livres foi observado em T8 [GA3 @ 100 ppm + KNO3 @ 500 ppm + ácido silícico @ 50 ppm (7,37 mg.g^{-1}).

As plantas submetidas ao tratamento de salinidade mostraram um aumento progressivo no seu teor de açúcar solúvel com o aumento do nível de salinidade. O menor teor de açúcares solúveis totais foi observado em S1 com plantas irrigadas com água de fita (3,94 %) e o maior teor de açúcares solúveis totais foi observado em S2 com plantas irrigadas com 4 EC (4,76 %). Isto sugere a acumulação de açúcares solúveis totais em condições de stress, que podem atuar como osmólitos. Os tratamentos com GA3, KNO3 e ácido silícico aumentaram o teor de açúcar solúvel total das plântulas de amendoim. O maior teor de açúcar solúvel total foi observado em T8 [GA3 @ 100 ppm + KNO3 @ 500 ppm + ácido silícico @ 50 ppm (5,76 %)]. O menor teor de açúcar solúvel total foi observado em TI na condição de controlo (3,20 %). O teor de açúcar solúvel também aumentou nas plantas em relação ao stress salino, sugerindo que a aplicação de GA3, KNO3 e ácido silícico pode ativar o consumo metabólico de polissacarídeos complexos em açúcares solúveis para formar novos constituintes celulares como um mecanismo para estimular o crescimento.

O teor de açúcar redutor seguiu a mesma tendência que o teor de açúcar solúvel total no presente estudo. O stress salino aumentou o teor de açúcares redutores das plântulas de amendoim. O menor teor de açúcares redutores foi observado em S1 com plantas irrigadas com água da torneira (2,81 %) e o maior teor de açúcares redutores foi observado em S2 com plantas irrigadas com água salina 4 EC (3,30 %). Os tratamentos com GA3, KNO3 e ácido silícico aumentaram ainda mais o teor de açúcar redutor do amendoim. O maior teor de açúcar redutor foi observado em T8 [GA3 @ 100 ppm + KNO3 @ 500 ppm + ácido silícico @ 50 ppm (4,34 %)]. O teor mais baixo de açúcar redutor foi observado em TI na condição de controlo (1,77 %). Entre os diferentes estágios, o valor médio do teor de açúcar redutor variou significativamente entre 3,22% e 2,89%. O conteúdo diminuiu de 30 DAS (3,22 %) para 50 DAS (2,89 %), o que pode ser devido à sua possível incorporação ou partição para as partes reprodutivas. O efeito combinado de GA3, KNO3, ácido silícico e salinidade mostrou um aumento da acumulação de açúcar redutor na planta a um nível de salinidade mais elevado.

O stress salino afectou negativamente o teor de clorofila a das plântulas de amendoim na presente experiência. O menor teor de clorofila a foi observado em S2 com planta irrigada com água salina 4 EC (3,21 mg.g^{-1}) e o maior teor de clorofila a foi observado em S1 com planta irrigada com água da torneira (3,75 mg.g^{-1}). Os tratamentos com GA3, KNO3 e ácido silícico aumentaram o teor de clorofila a das plântulas de amendoim de TI a T8. O teor mais alto de clorofila a foi observado em T8 [GA3 @ 100 ppm + KNO3 @ 500 ppm + ácido silícico @ 50 ppm (4,26 mg.g^{-1})]. O teor mais baixo de clorofila a foi observado em TI na condição de controlo (2,95 mg.g^{-1}).

No presente estudo, o stress salino provocou uma diminuição do teor de clorofila b das plântulas de amendoim em S1 e S2. O menor teor de clorofila b foi observado em S2 com plantas irrigadas com água salina 4 EC (4,08 mg.g^{-1}) e o maior teor de clorofila b foi observado em S1 com plantas irrigadas com água da torneira (4,72 mg.g^{-1}). Isto sugere o efeito prejudicial do stress de salinidade no pigmento fotossintético. O conteúdo de clorofila b dos pigmentos fotossintéticos diminuiu com o aumento da concentração de NaCl. Os tratamentos com GA3, KNO3 e ácido silícico aumentaram o teor de clorofila b das plântulas de amendoim de TI a T8. O maior conteúdo de clorofila b foi observado em T8 [GA3 @ 100 ppm + KNO3 @ 500 ppm + ácido silícico @ 50 ppm (5,22 mg.g^{-1})]. O teor mais baixo de clorofila b foi observado em TI na condição de controlo (3,96 mg.g^{-1}).

A clorofila total seguiu a mesma tendência para o stress salino, bem como para os tratamentos com GA3, KNO3 e ácido silícico no conteúdo de clorofila total na presente experiência. O menor teor de clorofila total foi observado em S2 com planta irrigada com água salina 4 EC (6,45 mg.g^{-1}) e o maior teor de clorofila total foi observado em S1 com planta irrigada com água da torneira (7,07 mg.g^{-1}). O conteúdo de pigmentos fotossintéticos clorofila total diminuiu acentuadamente com o aumento dos níveis de stress nas plântulas de amendoim. Os tratamentos com GA3, KNO3 e ácido silícico aumentaram o teor de clorofila total das folhas de amendoim, o que sugere o seu efeito positivo na recuperação da condição de stress. A clorofila total aumentou com baixa salinidade, enquanto que a salinidade mais elevada teve um efeito adverso em todas as medições de clorofila, o que indica a sua degradação devido à elevada acumulação de Na^{+} no citosol. O stress salino, o GA3, o KNO3 e o ácido silícico parecem desempenhar um papel importante na acumulação de clorofila.

O aumento da concentração de salinidade diminuiu o teor de carotenóides totais das plântulas de amendoim de S1 e S2. O menor teor de carotenóides totais foi observado em S2 com plantas irrigadas com água salina 4 EC (5,73 mg.g^{-1}) e o maior teor de carotenóides totais foi observado em S1 com plantas irrigadas com água da torneira (6,49 mg.g^{-1}). Sob alta salinidade, por vezes os carotenóides totais diminuem porque a planta converte o caroteno (betacaroteno, em particular) em zeaxantina que protege da foto-inibição. Os tratamentos com GA3, KNO3 e ácido silícico aumentaram o teor de carotenóides totais das plântulas de amendoim de TI a T8. O maior teor de carotenóides totais foi observado em T8 [GA3 @ 100 ppm + KNO3 @ 500 ppm + ácido silícico @ 50 ppm (7,26 mg.g^{-1})]. O teor mais baixo de carotenóides totais foi observado em TI na condição de controlo (5,21 mg.g^{-1}). Isso indica um aumento no pigmento acessório como carotenoide com a pulverização de GA3, KNO3 e ácido silícico.

O stress salino provoca um aumento do teor de prolina nas folhas do amendoim. No entanto, os resultados não foram significativos. O conteúdo mais baixo de prolina foi observado em S1 com planta irrigada com água da torneira (2,99 mg.g^{-1}) e o conteúdo mais alto de prolina foi observado em S2 com planta irrigada com água salina 4 EC (3,98 mg.g^{-1}). A prolina mostrou a acumulação em resposta ao stress da salinidade. **O maior conteúdo de prolina** foi observado em T8 [GA3 @ 100 ppm + KNO3 @ 500 ppm + ácido silícico @ 50 ppm (4,73 mg.g^{-1})]. O teor mais baixo de prolina foi observado em TI na condição de controlo (2,22 mg.g^{-1}). Em geral, a aplicação exógena de GA3, KNO3 e ácido silícico aumentou o conteúdo de prolina.

A glicina betaína mostrou um aumento devido à salinidade, bem como aos tratamentos com GA3, KNO3 e ácido silícico. O teor mais baixo de glicina betaína foi observado na planta S1 irrigada com água da torneira (3,37 mg.g^{-1}) e o teor mais alto de glicina betaína foi observado na planta S2 irrigada com água salina 4 EC (4,10 mg.g^{-1}). O stress por salinidade, e verificou-se que a regulação da pressão osmótica, a proteção da membrana que aumentou devido à acumulação de glicina betaína. Os tratamentos com GA3, KNO3 e ácido silícico provocaram o aumento do teor de glicina betaína nas folhas de amendoim. O teor mais alto de glicina betaína foi observado em T8 [GA3@ 100 ppm + KNO3 @ 500 ppm + ácido silícico @ 50 ppm (4,97 mg.g^{-1})]. O teor mais baixo de glicina betaína foi observado em TI na condição de controlo (2,59 mg.g^{-1}).

5.3 ACTIVIDADE ENZIMÁTICA

A atividade da polifenol oxidase mostrou diferenças significativas entre as fases de crescimento, os tratamentos e o efeito de interação. O stress salino aumentou a atividade de polifenol oxidase das plântulas de amendoim. A menor atividade de polifenol oxidase foi observada em S1 com plantas irrigadas com água da torneira (5,86 AO.D.min.-1g.$^{-1}$ Fr.Wt.) e a maior atividade de polifenol oxidase foi observada em S2 com plantas irrigadas com água salina 4 EC (6,45 AO.D.min. g.$^{-1-1}$ Fr.Wt.). Os tratamentos com GA3, KNO3 e ácido silícico aumentaram a atividade de polifenol oxidase das plântulas de amendoim. A maior atividade de polifenol oxidase foi observada em TI na condição de controlo (7,11 AO.D.min. g.$^{-1-1}$ Fr.Wt.). A menor atividade de polifenol oxidase foi observada em T8 [GA3 @ 100 ppm + KNO3 @ 500 ppm + ácido silícico @ 50 ppm (4,57 AO.D.min. g.$^{-1-1}$ Fr.Wt.)].

A atividade da peroxidase mostrou diferenças significativas entre as fases de crescimento, os tratamentos e o efeito de interação. A atividade de peroxidase mais baixa foi observada em S1 com planta irrigada com água da torneira (6,30 AO.D.min. g.$^{-1-1}$ Fr.Wt.) e a atividade de peroxidase mais alta foi observada em S2 com planta irrigado com água salina 4 EC (7,23 AO.D.min.$^{-1}$ g.$^{-1}$ Fr.Wt.). Os tratamentos com GA3, KNO3 e ácido silícico aumentaram a atividade da peroxidase das plântulas de amendoim. A maior atividade de peroxidase foi observada em T8 [GA3 @ 100 ppm + KNO3 @ 500 ppm + ácido silícico @ 50 ppm (7.98 AO.D.min. g.$^{-1-1}$ Fr.Wt.)]. A atividade de peroxidase mais baixa foi observada em TI na condição de controlo (5,22 AO.D.min. g.$^{-1-1}$ Fr.Wt.).

No caso da catalase, a atividade mais baixa foi observada na planta S1 irrigada com água da torneira (3,45 AO.D.min.-1g.$^{-1}$ Fr.Wt.) e a atividade mais elevada da catalase foi observada na planta S2 irrigada com água salina 4 EC (4,06 AO.D.min.$^{-1}$ g.$^{-1}$ Fr.Wt.). Os tratamentos com GA$_3$, KNO$_3$ e ácido silícico mostraram um aumento linear nas actividades enzimáticas em plantas com e sem stress salino. Em geral, o GA3, o KNO3, o ácido silícico e a salinidade afectam a atividade de todas as enzimas oxidativas estudadas na presente experiência.

5.4 CONCLUSÃO

A presente investigação sobre o "Efeito do ácido giberélico, do nitrato de potássio e do ácido silícico nas alterações bioquímicas das plântulas de amendoim (*Arachis hypogaea* L.) irrigadas com água salina". A partir da experiência de discussão em curso, concluiu-se que, a partir das amostras recolhidas do amendoim que foi irrigado com stress salino, se verificou uma diminuição dos parâmetros fisiológicos, *nomeadamente* o teor relativo de água e o índice de estabilidade da membrana, mas o pH da folha apresentou uma tendência inversa e aumentou no caso de uma concentração elevada de sal. A diminuição do teor relativo de água na presente experiência foi baixa, podendo ser o efeito da acumulação de osmólitos, *nomeadamente prolina*, glicina betaína, açúcar redutor e açúcar solúvel total. Uma concentração mais elevada de sal diminuiu os constituintes bioquímicos, *nomeadamente* as proteínas verdadeiras, os aminoácidos livres, o teor de carotenóides e o teor de clorofila (a, b e total), mas aumentou o teor de açúcar redutor, o teor de fenóis totais, a glicina betaína, o teor de açúcar solúvel total e o teor de prolina com o aumento da concentração de sal. Com vista a observar as alterações nas actividades das enzimas antioxidantes, *nomeadamente a* polifenol oxidase e a peroxidase, que aumentam com uma concentração mais elevada de stress salino, mas a atividade da catalase diminui.

A amostra de folhas tratada com GA3, KNO3 e ácido silícico em diferentes concentrações aumentou os parâmetros fisiológicos, *nomeadamente o* teor relativo de água, o índice de estabilidade da membrana e o pH da folha. O GA3, o KNO3 e o ácido silícico podem regular vários processos metabólicos das plantas e modular a produção de vários osmólitos, *a saber:* fenol total, proteína verdadeira, aminoácido livre, açúcar solúvel total, açúcar redutor, teor de clorofila (a, b e total), teor de carotenóides, prolina e glicina betaína, enquanto a atividade enzimática antioxidante mostrou tendências semelhantes, mas uma dose mais elevada de GA3, KNO3 e ácido silícico diminuiu a atividade enzimática da catalase e da polifenol oxidase.

Esta investigação provou que o GA3, o KNO3 e o ácido silícico são biomoléculas potenciais na redução do efeito adverso do stress salino nas plantas. O GA3, o KNO3 e o ácido silícico demonstraram ser benéficos para o crescimento e desenvolvimento das plantas.

BIBLIOGRAFIA

Aebi, H. 1984. Catalase *in vitro*. *Methods Enzymology*, **105(3):** 121-126.

Ahmad, S. T. e Haddad, R. 2011. Estudo dos efeitos do silício nas actividades das enzimas antioxidantes e no ajustamento osmótico do trigo sob stress hídrico. *Czech J. Genet. Plant Breed.*, **47(1):** 17-27.

Ahmed, S. 2009. Efeito da salinidade do solo no rendimento e nos componentes do rendimento do feijão-mungo. *Pak. J. Bot.*, **41(1):** 263-268.

Alqarawi, A. A., Hashem, A., Allah, E. F., Alshahrani, T. S. e Huqail, A. A. 2014. Efeito da salinidade no teor de umidade, sistema de pigmentos e composição lipídica em *Ephedra alata decne. Ata Bio. Hung.*, **65(1):** 61-71.

Amirjani, M. R. 2011. Efeito do stress da salinidade no crescimento, teor de açúcar, pigmentos e atividade enzimática do arroz. *Revista Internacional de Botânica*, **7(1):** 73-81.

Anónimo. 1990. Prospects of oilseed and pulse production in Gujarat (Perspectivas da produção de oleaginosas e leguminosas em Gujarat). Universidade Agrícola de Gujarat, Junagadh. Pp. 143-146.

Anónimo. 2017. Área, produção e rendimento do amendoim a nível distrital. Direção da Agricultura. Disponível em   https://dag. gujarat. gov.in/images/directorof agriculture/pdf/apy1011fmal.pdf acedido pela última vez em 21st maio, 2018.

Aranda, K. V., Jail, P. K. e Kumar, V. K. 2001. Effect of salt stress on physiological analysis: growth parameters in green gram. *Plant physiol.*, **13(4):** 15-26.

Arnon, D. I. 1949. Enzimas de cobre em cloroplastos isolados polifenoxidase em *Beta vulgaris. Plant Physiology*, **24(1):** 1-15.

Ashraf, M. 1989. The effect of NaCl on water relations, chlorophyll, and protein and proline contents of two cultivars of black gram (*Vigna mungo* L.). *Plant and Soil*, **119:** 205-210.

Aslam, M., Maqbool, M. A., Zaman, Q. U., Akhtar, M. A. 2016. Descobrir a tolerância dos genótipos de feijão mungo (*Vigna radiata* L. Wilczek) em condições salinas. *J. Agric. Basic Sci.*, **1(1):** 37-44.

Azizpour, K., Shakiba, M. R., Khosh Kholg Sima, N. A., Alyari, H., Mogaddam, M., Esfandiari, E. e Pessarakli, M. 2010. Physiological response of spring durum wheat genotypes to salinity (Resposta fisiológica de genótipos de trigo duro de primavera à salinidade). *Journal of Plant Nutrition*, **33(6):** 859-873.

Bahorun, T., Luximon, R. A., Crozier, A. e Aruoma, O. I. 2004. Níveis totais de fenóis, flavonóides, proantocianidinas e vitamina C e actividades antioxidantes de produtos hortícolas da Maurícia. *J. of the Sci. Food and Agri*, **84:** 1553-1561.

Baliah, N. T., Sheeba, P. C. e Mallika, S. 2018. Efeito encorajador do ácido giberélico no crescimento e nos caracteres bioquímicos da grama verde (*Vigna radiata* L.). *Journal of Global Biosciences*, **7(8):** 5522-5529.

Bandurska, H. e Floryszak-Wieczork, J. 2002. Lesão de membrana induzida por défice hídrico e stress oxidativo em dois genótipos de cevada. *Ata Societatis Botanicorum Poloniae*, **71:** 17-21.

Bassiouny, M. S. e Bekheta, M. A. 2005. Efeito do stress salino no teor relativo de água, peroxidação lipídica, poliaminas, aminoácidos e etileno de duas cultivares de trigo. *Int. J. Agri. Biol,* **7(3)**: 363-365.

Bates, L. S., Waldren, R. P. e Teare, I. D. 1973. Rapid determination of free proline for waterstress studies (Determinação rápida de prolina livre para estudos de stress hídrico). *Plant and Soil,* **39(1):** 205-207.

Bewley, J. D., e Black, M. 1985. Sementes: Physiology of development and germination. Nova Iorque, EUA: Plenum Press.

Borah, B., Patil, D. S. e Pawar, R. B. 2017. Melhorar o rendimento e a qualidade do amendoim *kharif* (*Arachis hypogaea* L.) em entisol através da gestão de fertilizantes potássicos. *Int. J. Curr. Microbiol. App. Sci.,* **6(11):** 4068-4074.

Bray, H. G. e Thorpe, W. V. 1954. Análise de compostos fenólicos de interesse no metabolismo. *Method for Biochemical Analysis,* **1(2):** 27-52.

Chakraborty, K., Bhaduri, D., Meena, H. N. e Kalariya, K. 2016. A aplicação externa de potássio (K) melhora a tolerância à salinidade, promovendo a exclusão de Na, a acumulação de K e o ajuste osmótico em cultivares de amendoim contrastantes. *Fisiologia e Bioquímica de Plantas,* **103(10):** 143-153.

Chakraborty, K., Singh, A. L., Kalariya, K. A., Goswami, N. e Zala, P. V. 2015. Respostas fisiológicas de cultivares de amendoim (*Arachis hypogaea* L.) ao stress por défice hídrico: estado de stress oxidativo e actividades de enzimas antioxidantes. *Ata Bot. Croat.,* **74(1):** 123-142.

Das, P., Seal, P. e Biswas, A. K. 2016. Regulação do crescimento, antioxidantes e metabolismo do açúcar em mudas de arroz (*Oryza sativa* L.) por Nacl e sua reversão por silício. *American Journal of Plant Sciences,* **10(7):** 623-638.

Desai, B. B., Kotecha, P. M. e Salunkhe, D. K. 1999. Composição e qualidade nutricional. Publicação Naya Prakash, Nova Deli, Índia. Pp. 2-4.

Dheeba, B., Selvakumar, S., Kannan, M. e Kannan, K. 2015. Efeito do ácido giberélico na grama preta (*Vigna mungo*) irrigada com diferentes níveis de água salina. *Revista de Investigação de Ciências Farmacêuticas, Biológicas e Químicas,* **6(6):** 706-709.

Dubois, M., Gillies, K. A., Hamilton, J. K., Reber, F. A. e Smith, F. 1956. Colorimetric methods of determination of sugar and related substance. *Analytical Chemistry,* **28(3):** 350-352.

Erdal, S., Aydin, M., Genisel, M., Taspinar, M. S., Dumlupinar, R., Kaya, O. e Gorcek, Z. 2011. *Efeitos do ácido salicílico na sensibilidade ao sal do trigo. African J. of Biotech,* **10(30):** 122-148.

Esfandiari, E., Enayati, V. e Abbasi, A. 2011. Alterações bioquímicas e fisiológicas em resposta à salinidade em dois genótipos de trigo duro (*Triticum turgidum* L.). *Not. Bot. Hort. Agrobot. Cluj.,* **39(1):** 165-170.

Esterbanjador, H., Schwarzl, E. e Hayn, M. 1977. A rapid assay for catechol oxidase and laccase using 2-nitro-5-thio benzoic acid. *Analytical Biochemistry,* **77(6):** 486488.

Eyidogan, F. e Tufan, M. 2007. Efeito da salinidade nas respostas antioxidantes das plântulas de grão-de-bico. *Ata. Physiol Plant,* **29(9):** 485-493.

Flowers, T. J., Garcia, A., Koyama, M. e Yeo, A. R. (1997). Reprodução para tolerância ao sal em plantas cultivadas - o papel da biologia molecular. *Ata. Physiol. Plantarum,* **19(2):** 427-433.

Ghosh, S., Mitra, S., e Paul, A. 2014. Estudos físico-químicos do cloreto de sódio no feijão mungo (*Vigna radiata* L. Wilczek). *The Scientific World J.,* **8(10):** 1155.

Gills, K., e Sharma, P., 1993. Mechanism of salt injury at seedling and vegetative growth stages in *Cajanus Cajan* (L.) millsp. *Plant Physiol. Biochem.,* **20(3):** 49.

Girija, C., Smith, B. N. e Swamy, P. M. 2001. Interactive effects of sodium chloride and calcium chloride on the accumulation of proline and glycine betaine in peanut (*Arachis hypogaea* L.). *Botânica Ambiental e Experimental*, **47:** 1-10.

Gobinathan, P., Affaq, M., Murali, P. V., Somasundaram, R. e Panneerselvam, R. 2011. Efeitos interactivos do cloreto de sódio e do cloreto de cálcio nos constituintes bioquímicos e no metabolismo da prolina de *Pennisetum glaucum* (L.) R. Br.. *Journal of Pharmacy Research*, **4(8):** 2842-2845.

Gorham, J. 1992. Salt tolerance in plants. *Sci. Progress.* **76:** 273-285.

Hammons. 1982. Origin and early history of the peanut. *Peanut Research and Education Society*, Pp. 1-20.

Hasan, M. e Ismail, B. S. 2017. Efeito do ácido giberélico no crescimento e rendimento do amendoim (*Arachis hypogaea* L.). *Sains Malaysiana*, **47(2):** 221-225.

Hendawey, M. H. 2015. Alterações bioquímicas associadas à indução de tolerância ao sal no trigo. *Global Journal of Biotechnology and Biochemistry,* **10(2):** 84-99.

Heuer, B., Schaffer, A., Meiri, A., Badani, H., Ben-Dor, B., Fogelman, M. e Kapulnik, Y. 1993. Efeitos da irrigação com água salina e da emenda de gesso na qualidade das sementes de amendoim. *Eur. J. Agron.*, **3(2):** 169-174.

Hussein, M. M., El-Faham, S. Y. e Alva, A. K. 2012. Crescimento de plantas de pimenta, rendimento, pigmentos fotossintéticos e fenóis totais como afetados pela aplicação foliar de potássio sob diferentes águas de irrigação de salinidade. *Ciências Agrícolas,* **3(2):** 241-248.

Imami, S., Jamshidi, S., e Shahrokhi, S., 2011. Efeito da aplicação foliar e no solo do ácido salicílico na resistência do grão-de-bico ao stress por frio. *Conferência Internacional sobre Biologia, Ambiente e Química. IPCBEE,* **24(1):** 403-407.

Isleib, T. G., Wynne, J. C. e Nigam, S. N. 1994. A cultura do amendoim: A scientific basis for improvement. *Africal Journal of Agricultural Research*, **9(25):** 1932-1937.

Jaleel, C. A., Iqbal, M. e Panneerselvam, R. 2009. Triadimefon protege as plantas de grama preta (*Vigna mungo* L. hepper) do stress do cloreto de sódio. *Stress das plantas.* **3(1):** 13-16.

Jesus, L. R., Baista, B. L. e Lobato, A. K. 2017. O silício reduz o acúmulo de alumínio e mitiga os efeitos tóxicos em plantas de feijão-caupi. *Fisiologia Vegetal,* **39:** 138.

Jharna, D. E., Chowdhury, B. L. D., Rana, M. A. A. M. e Sharmin, S. 2013. Seleção de genótipos de amendoim tolerantes à seca (*Arachis hypogaea* L.) com base no teor de açúcar total e de aminoácidos livres. *J. Environ. Sci. & Natural Resources*, **6(2):** 15.

Johannes, H. C., Cornelissen, Florus, S., Richard, S. P., Van, L. Rob, A., Broekman, K. e Thompson, K. 2011. Leaf pH as a plant trait: species-driven rather than soil- driven variation. *Functional Ecology,* **25:** 449-455.

Kabir, M. E., Karim, M. A. e Azad, M. A. K. 2004. Efeito do potássio na tolerância à salinidade do feijão-mungo [*Vigna radiate* (L.) Wilczek]. *J. of Bio. Sci,* **4(2):** 103110.

Kahlaoui, B., Hachicha, M., Misle, E. e Fidalgo, F. 2016. Respostas fisiológicas e bioquímicas à aplicação exógena de prolina de plantas de tomate irrigadas com água salina. *J. of the Saudi Soc. of Agri. Sci.,* **17(4):** 17-23.

Kalariya, K. A., Singh, A. L., Chakraborty, K., Patel, C. B. e Zala, P. V. 2015. Conteúdo relativo de água como um índice de murchamento permanente no amendoim sob estresse progressivo de déficit hídrico. *Revista Eletrónica de Ciências Ambientais*, **8(1):** 17-22.

Kalariya, K. A., Singh, A. L., Chakraborty, K., Zala, P. V. e Patel, C. B. 2013. Características fotossintéticas do amendoim (*Arachis hypogaea* L.) sob stress por défice hídrico. *Ind. J. Plant Physiol,* **10:** 13-17.

Kandoliya, U. K. e Vakharia, D. N. 2013. Resistência induzida e acumulação de ácido fenólico no controlo biológico da murchidão do grão-de-bico por *Pseudomonas fluorescens*. *Asian J. Bio. Sci.*, **8(2)**: 184-188.

Kandoliya, U. K., Marviya, G. V., Bodar, N. P., Bhadja, N. V. e Golakiya, B. A. 2016. Componentes nutricionais e antioxidantes de frutos de cabaça de cumeeira (*Luffa acutangula* L. Roxb) de genótipos e variedades promissores. *Sch. J. Agric. Vet. Sci.*, **3(5)**: 397-401.

Kaur, P., Kaur, J., Kaur, S., Singh, S. e Singh, I. 2014. Alterações fisiológicas e bioquímicas induzidas pela salinidade em genótipos de grão-de-bico (*Cicer arietinum* L.). *J. of Applied and Natural Sci.,* **6 (2)**: 578-588.

Kaya, C., Tuna, A. L. e Alves, A. C. 2006. O ácido giberélico melhora a tolerância ao défice hídrico em plantas de milho. *Ata Physiologiae Plantarum,* **28(4)**: 331-337.

Kazemi, M. 2013. Efeito da aplicação foliar com nitrato de potássio e metil jasmonato no crescimento e na qualidade dos frutos do pepino. *Bull. Env. Pharmacol. Life Sci.,* **2(11)**: 7-10.

Khazeh, A., Khazeh, Z., Jabari, H., Gashtegany, M. T. e Hashemybagha, M. 2015. Efeito do ácido giberílico (GA3) foliar em algumas características fisiológicas e montagem de pigmentos em *Vigna radiata* L. *International Journal of Biosciences*, **6(3)**: 54-61.

Krishnan, R. R. e Kumari, B. D. R. 2008. Effect of N-triacontanol on the growth of salt stressed soybean plants. *J. of Biosci,* **19(2)**: 53-62.

Kumar, D. (2000). Crop response to abiotic stresses international review and annotated bibiliography, Sacintific Publishers, Jodhpur (Índia). **2(4)**: 22-26.

Kumar, R., Yadav, R. K., Sharma, N., Yadav, A. e Nehal, N. 2018. Influência dos reguladores de crescimento vegetal nas alterações bioquímicas do feijão mungo (*Vigna radiata* L. wilczek). *J. of Pharmacognosy and Phytochem,* **7(1)**: 45-51.

Lazof, D. B. e Bernstein, N. 1999. The NaCl inhibition of shoot growth: O caso da nutrição perturbada com especial consideração do cálcio. *Advances in Botanical Research,* **29(2)**: 113-189.

Lee, Y. P. e Takahashi, T. 1966. An improved determination of amino acids with the use of ninhydrin. *Analytical Biochemistry*, **14(6)**: 71-74.

Li, Y. 2009. Efeito do stress Nacl na enzima antioxidante da glicina *Soja sieb. Jornal de Ciências Biológicas do Paquistão*, **12(6)**: 210-513.

Lowry, O. H., Rosebrough, N. J., Farr, A. L. e Randall, R. J. 1951. Protein measurement with the Folin phenol reagent. *Journal of Biochemistry,* **193(1)**: 265-275.

Madan, P., Singh, D. K., Rao, L. S. e Singh, K. P. 2004. Photosynthetic characteristics and activity of antioxidant enzymes in salinity tolerant and sensitive rice cultivars. *Indian J. Plant Physiol,* **9(4)**: 407-412.

Madhurendra e Prasad N. 2007. Changes in certain organic metabolites during seedling growth of chickpea under salt stress and along with exogenous proline. *Legume Res.*, **30(1)**: 41-44.

Mahajan, S., Tuteja, N. 2005. Cold, salinity and drought stresses: An overview. *Arch. Biochem. and Bioph.*, **444(22)**: 139-158.

Mali, M. e Aery, N. C. 2009. Efeito do silício no crescimento, nos constituintes bioquímicos e na nutrição mineral do feijão-frade. *Comunicação em Ciência do Solo e Análise de Plantas*, **40**: 1041-1052.

Malik, C. P. e Singh, M. B. 1980. Plant enzymology and histoenzymology. *Kalyani Publishers*, Nova Deli. p.53.

Mallika, R. 2015. Resposta fisiológica e bioquímica da ervilha-de-angola (*Cajanus Cajan*) ao stress salino. Jornal *Internacional de Investigação e Desenvolvimento Multidisciplinar*, **2(12)**:

472-476.

Mathur, R. S. e Khan, M. A. 1997. Groundnut is poor men nut. *Indian Farmers Digest*, **30(5):** 29-30.

Miyake, Y. e Takahashi, E. 1983. Efeito do silicone no crescimento de plantas de pepino em cultura de solo. *Ciência do Solo e Nutrição de Plantas*, **29(3):** 463-471.

Mohan, D. e Shashidharan, A. 2018. Um sistema *In Vitro* para estudar o efeito do stress salino no amendoim (*Arachis hypogaea* L.). *Biotecnologia Atual*, **7(6):** 464-471.

Munns, R. 2003. Comparative physiology of salt and water stress. *Plant Cell and Environment*, **25(2):** 239-250.

Musa, K., Oya, E. A., Ufuk, C. A. e Begum. P. 2015. Respostas antioxidantes de mudas de amendoim (*arachis hypogaea* L.) ao estresse prolongado induzido por sal, *Arch. Biol. Sci.*, **67(4):** 1303-1312.

Neto, L., José, P., Joaqim, E. e Eneas, F. 2005. Efeito do stress salino sobre as enzimas antioxidativas e a peroxidação lipídica em folhas e raízes de genótipos de milho tolerantes e sensíveis ao sal. Environ. *andExpe. Bot.*, **56(1):** 87-94.

Nithila, S., Durga, Devi D., Velu, G., Amutha, R. e Rangaraju, G. 2013. Avaliação fisiológica de variedades de amendoim (*Arachis hypogaea* L.) para tolerância ao sal e melhoria do estresse salino. *Res. J. Agriculture and Forestry Sci.*, **1(11):** 1-8.

Owens, S. (2001). Sal da Terra: A engenharia genética pode ajudar a recuperar terras agrícolas perdidas devido à salinização. *Europa Mole. Biol. Organism Reports*, **2(1):** 877-879.

Pal, A. e Pal, A. K. 2017. Base fisiológica da tolerância ao sal no amendoim (*Arachis hypogaea* L.). *Int. J. Curr. Microbiol. App. Sci.*, **6(9):** 2157-2171.

Pal, A., Tamang, D., Yadaw, S. K. e Pal, A. K. 2017a. Mitigação do stress da salinidade no amendoim (*Arachis hypogaea* L.) durante a germinação por preparação de sementes. *Um Jornal Internacional Trimestral de Ciências da Vida*, **13(2):** 1741-1746.

Pal, A., Yadaw, S. K., Pal, A. K. e Gunri, S. 2017b. Efeito da preparação de sementes na mobilização de reservas, absorção de água e atividades enzimáticas antioxidantes na germinação de sementes de amendoim sob estresse por salinidade. *Revista Internacional de Ciências Agrárias*, **36(9):** 4542-4545.

Panda, S. K. e Khan, M. H. 2009. Crescimento, danos oxidativos e respostas antioxidantes em grama verde sob diferenças de stress NaCl-salinidade. *Plant Biochem. and Mole. Biol. Lab.*, **10(19):** 101-121.

Pannamieruma, P. N. 1984. O papel da tolerância das cultivares no aumento da produção de arroz em terras salinas. *Adv. Bot. Res.*, **29(2):** 255-271.

Panneerselvam, R. 1997. Melhoria do stress de NaCl por triadimefon em plântulas de amendoim. *Regulação do Crescimento das Plantas*, **22(3):** 157-162.

Panse, V. G. e Sukhatme, P. V. 1985. Statistical Methods for Agricultural Workers. Conselho Indiano de Investigação Agrícola, Nova Deli. p.378.

Parida, A. K., e Das, A. B. 2005. Tolerância ao sal e efeitos da salinidade nas plantas: A review. *Ecotoxicol Environ Safety.* **60(3):** 324-49.

Patel, B. B., Patel, B. A. e Dave, R. S. 1992. Studies on infiltration of saline-alkali soils of several parts of Mehsana and Patan districts of north Gujarat. *J. Appl. Technol. Environ. Sanitation*, **1(1):** 87-92.

Patel, N. J., Kandoliya, U. K. e Talati, J. G. 2010. Indução de fenol e enzimas relacionadas com a defesa durante a infestação de murcha (*Fusarium udum* Butler) em ervilha-de-angola. *Int. J. Curr. Microbiol. App. Sci.*, **4(2):** 291-299.

Perrenoud, S. 1990. Potássio e saúde das plantas. IPI Research Topics No. 3, 2nd rev. edition. Basileia/Suíça.

Piper, C. S. 1950. Soil and Plant Analysis. Universidade de Adelaide, Austrália.

Radi, A. F., Shaddad, M. A. K., El-Enany, A. E. e Omran, F. M. 2001. Efeitos interactivos das hormonas vegetais (GA3 ou ABA) e da salinidade no crescimento e em alguns metabolitos das plântulas de trigo. *Nutrição vegetal - Segurança alimentar e sustentabilidade dos agro-ecossistemas*, **3(4):** 436-437.

Ramaiyapillai, M. 2015. Resposta fisiológica e bioquímica da ervilha-de-angola (*Cajanus cajan*) ao stress salino. *Revista Internacional de Investigação e Desenvolvimento Multidisciplinar*, **2(12):** 472-476.

Rathor, S., Varshney, K. A. e Varshney, N. K. 2015. Impacto da semeadura precoce no conteúdo de proteínas e na atividade da nitrato redutase em grama preta sob estresse salino. *Indian J. Sci. Res.*, **10(1):** 35-39.

Reddy, T. Y., Reddy, V. R. e Anbumozhi, V. 2003. Physiological responses of groundnut (*Arachis hypogaea* L.) to drought stress and its amelioration: a critical review. *Kluwer Academic Publishers,* **41:** 75-88.

Rout, N. P. e Shaw, B. P. 2001. Tolerância ao sal em macrófitas aquáticas: Relação e interação iónica. *Biol. Planta.* **44(1):** 95- 99.

Roychoudhury, A., Basu, S., Sarkar, S. N. e Sengupta, D. N. 2013. Respostas fisiológicas e moleculares comparativas de uma cultivar de arroz indica aromático comum à alta salinidade com cultivares de arroz indica não aromático. *Plant Cell Rep.,* **27(8):** 1395-1410.

Sairam, R. K.; Roa, K. V. e Srivastava, G. C. 2002. Differential response of wheat genotypes to long term salinity stress in relation to oxidative stress, antioxidant activity and osmolyte concentration. *Plant Science,* **163:** 1037-1046.

Sairam, R. K.; Siiukla, D. S. e Saxsena, D. C. 1997. Lesões induzidas por stress e enzimas antioxidantes em relação à tolerância à seca em genótipos de trigo. *Biologia Plantarum,* **40(3):** 357-364.

Salwa, A. R., Hammad, K., Shaban, A. e Tantawy, M. F. 2010. Estudos sobre a tolerância à salinidade de duas cultivares de amendoim em relação ao crescimento, teor de água nas folhas, alguns aspectos químicos e rendimento. *Jornal de Investigação em Ciências Aplicadas*, **6(10):** 15171526.

Sangeetha, S. e Subramani, H. 2014. Alterações induzidas por estresse de cloreto de sódio em biomoléculas de grama preta (*Vigna mungo* L.). *Inter. J. of Envir. and Bioenergy,* **9(1):** 17-28.

Santas, J., Carbo, R., Gordon, M. H. e Almajano, M. P. 2008. Comparação da atividade antioxidante de duas variedades de cebola espanhola. *Food Chem*, **107:** 1210-1216.

Satish, I. e Shrivastava, S. K. 2011. Estudo nutricional da nova variedade de sementes de amendoim (*Arachis hypogaea* L.) JL-24. *Jornal Africano de Ciência Alimentar*, **5(8):** 490498.

Seenivasan, R., Rekha, M., Indu, H. e Geetha, S. 2012. Atividade antibacteriana e análise fitoquímica de algas marinhas selecionadas da costa de mandapam, Índia. *Jornal de Ciências Farmacêuticas Aplicadas*, **2(10):** 159-169.

Sehrawat, N., Yadav, M., Bhat, K. V., Sairam, R. K. e Jaiwal, P. K. 2015. Efeito do stress da salinidade no feijão-mungo [*Vigna radiata* (L.) wilczek] durante as estações consecutivas do verão e da primavera. *J. of Agri. Sci.*, **60(1):** 23-32.

Senthil, A., Pathmanaban, G. e Srinivasan, P. S. 2003. Efeito dos bioreguladores em alguns parâmetros fisiológicos e bioquímicos da soja (*Glycin max.*). *An Inter. J. - Legume Res.* **26(1):** 54-56.

Shaddad, M. A. K., Abd El-Samad, H. M. e Mostafa, D. 2013. Papel do ácido giberélico (GA3) na melhoria da tolerância ao stress salino de duas cultivares de trigo. *Revista Internacional de Fisiologia e Bioquímica de Plantas,* **5(4):** 50-57.

Shahid, U. 2006. Alívio dos efeitos adversos do stress hídrico na produção de sorgo, mostarda e amendoim através da aplicação de potássio. *Pak. J. Bot.,* **38(5):** 1373-1380.

Shariatmadari, M. H., Parsa, M., Nezami, A. e Kafi, M. 2017. Efeitos da preparação hormonal com ácido giberélico na emergência, crescimento e rendimento do grão-de-bico sob stress hídrico. *Jornal da Rede de Informação e Serviços Científicos Inovadores*, **14(1):** 34-41.

Shinde, S. S., Kachare, D. P., Satbhai, R. D. e Naik, R. M. 2017. Acumulação de prolina induzida pelo stress hídrico e enzimas antioxidantes no amendoim (*Arachis hypogaea* L.). *Legume Research an International Journal*, **10:** 1-6.

Shweta, S. 2015. Análise profilática de proteínas em sementes de *Arachis hypogaea* cultivadas sob diferentes combinações de cinzas volantes, solo, IAA e GA. *Revista Internacional de Biologia Molecular e Bioquímica,* **3(1):** 33-42.

Singh, A., K. 2004. The physiology of salt tolerance in four genotypes of chickpea during germination (A fisiologia da tolerância ao sal em quatro genótipos de grão-de-bico durante a germinação). *Journal of Agricultural Science and Technology,* **6(2):** 87-93.

Solanki, M. V., Trivedi, S. K., Kandoliya, U. K. e Golakiya, B. A. 2018. Efeito da aplicação exógena de ácido salicílico no constituinte bioquímico da grama preta (*Vigna mungo* L.) Hepper irrigada com água salina. *Jornal Europeu de Biotecnologia e Biociências,* **6(5):** 28-34.

Somogyi, M. 1952. Determinação de açúcares redutores pelo método de Nelson-Somogyi. *Journal of Biochemistry,* **3(1):** 200-245.

Soussi, M., Ocan, A. e Lluch, C. 1998. Efeitos do stress salino no crescimento, fotossíntese e fixação de azoto no grão-de-bico (*Cicer arietinum*). *J. of Experimental Bot.,* **325(49):** 1329-1337.

Stalker, H. T. 1997. Amendoim (*Arachis hypogaea* L.). *Field Crops Research,* **53:** 205-217.

Sumera, I. e Asghari, B. 2009. Alterações induzidas pelo stress hídrico nas enzimas antioxidantes, na estabilidade das membranas e no perfil proteico das sementes de diferentes acessos de trigo. *Jornal Africano de Biotecnologia*, **8(23):** 6576-6587.

Sunitha, V., Vanaja, M., Lakshmi, N. J., Sowmya, P., Anitha, Y. e Sathish, P. 2015. Variabilidade nas respostas induzidas pelo stress da seca em genótipos de amendoim (*Arachis hypogaea* L.). *Biochem. Physiol.,* **4(1):** 149-157.

Taffouo, V. D., Kouamou, J. K., Ngalangue, L. M. T., Ndjeudji, B. A. N. e Akoa, A. 2009. Efeitos do stress de salinidade no crescimento, partição de iões e rendimento de algumas cultivares de feijão-frade (*Vigna ungiuculata* L., walp). *Int. J. Bot.,* **5(2):** 135-143.

Tayyab, R., Ahmed, M., Azeem, e Ahmed, N. 2016. Respostas ao stress salino da ervilha-de-angola (*Cajanus Cajan*) no crescimento, rendimento e alguns atributos bioquímicos. *Int. J. Biol. Biotech.,* **12(1):** 155-160.

Trivedi, S. K., Solanki, M. V., Kandoliya, U. K. e Golakiya, B. A. 2018 Efeito da aplicação exógena de ácido salicílico em enzimas antioxidantes em grama verde (*Vigna radiate* L.) irrigada com água salina. *Inter. J. of chemi. Stu.,* **6(4):** 26682674.

Tuna, L., Kaya, C., Dikilitas, M., Yokas, I., Burun, B. e Altunlu, H. 2007. Efeitos comparativos de vários derivados do ácido salicílico nos principais parâmetros de crescimento e em algumas actividades enzimáticas em plantas de milho (*zea mays* L.) sujeitas a stress salino. *Pak. J. Bot.,* **39(3):** 787-798.

Undovenko, G. V. 1971. Efeito da salinidade dos substratos no metabolismo do azoto de plantas com diferentes tolerâncias ao sal. *Agro. Khimiya,* **3(23):** 31.

Vakharia, D., Kandoliya, U., Patel, N. e Parameswaran, M. 1997. Efeito da seca nos metabolitos das folhas: Relação com a produção de vagens no amendoim. *Plant Physiol. and Biochem.,* **24(2):** 102-105.

Velmani, S. S., Murugesan e Arulbalachandran, D. 2015. Crescimento e características bioquímicas da grama preta (*Vigna mungo* (L.) Hepper) sob salinidade de NaCl. *Int. J. Cur. Tr. Res,* **4(1):** 13-17.

Waheed, A. 2006. Effect of salinity on ionic balance and solute composition of pigeon pea [*Cajanus Cajan* (L.)]. *Pak. J. Bot.,* **38(4):** 1103-1117.

Weatherley, P. E. 1962. A re-examination of the relative turgidity technique for estimating water deficits in leaves. *Australian Journal of Biological Sciences,* **15(3):** 413-428.

Zohra, F., Zakaria, H., Youssef, M., Hassan, E., e Joutel, K. 2016. Efeito do ácido salicílico e do stress salino no crescimento e em alguns parâmetros bioquímicos de *menthasuaveolens. Inter. J. of Scientific & Engin. Res.,* **7(10):** 54-62.

Printed by Books on Demand GmbH, Norderstedt / Germany